PINGYUAN HEWANG DIQU
HUANLIU HEDAO SHENGTAI GUOLÜ
JI JISHU SHIFAN

平原河网地区
缓流河道生态过滤系统
及技术示范

王 俊　吴苏舒◎著

U0395307

河海大学出版社
HOHAI UNIVERSITY PRESS
·南京·

图书在版编目（ＣＩＰ）数据

平原河网地区缓流河道生态过滤系统及技术示范 /
王俊，吴苏舒著. -- 南京：河海大学出版社，2022.12
　ISBN 978-7-5630-7994-0

　Ⅰ. ①平… 　Ⅱ. ①王… ②吴… 　Ⅲ. ①平原－水系－
生态环境保护－研究 　Ⅳ. ①X143

　　　中国国家版本馆 CIP 数据核字（2023）第 007370 号

书　　名	平原河网地区缓流河道生态过滤系统及技术示范	
书　　号	ISBN 978-7-5630-7994-0	
责任编辑	卢蓓蓓	
特约校对	李　阳	
封面设计	徐娟娟	
出版发行	河海大学出版社	
地　　址	南京市西康路 1 号（邮编：210098）	
电　　话	(025)83737852（总编室）	
	(025)83722833（营销部）	
经　　销	江苏省新华发行集团有限公司	
排　　版	南京布克文化发展有限公司	
印　　刷	广东虎彩云印刷有限公司	
开　　本	718 毫米×1000 毫米　1/16	
印　　张	7.25	
字　　数	122 千字	
版　　次	2022 年 12 月第 1 版	
印　　次	2022 年 12 月第 1 次印刷	
定　　价	128.00 元	

前言 | PREFACE

近年来,我国各地经济得以快速发展,但其大多以环境恶化为代价,我国一些河流、湖泊相继出现了不同程度的水质恶化、生境退化以及重要或敏感水生生物消失等问题。日趋严重的城市河流污染问题引起全国各地政府和公众的热切关注。通过坚持不懈开展流域性大江大河大湖治理,组织一大批中小河流和区域骨干河道治理,持续推进县乡河道整治,达到河湖生态治理及修复的目的。在城市河流污染治理过程中,底泥污染与整治一直是主要的难点之一。即使在污水排放得到有效控制的情况下,河道污染及其富营养化问题仍然十分突出。

江苏省地处长江和淮、沂、沭、泗诸河下游,是我国淡水湖分布集中的省(区)之一,湖泊总面积达6 000余平方千米,湖泊率约为6%。全省共有湖泊、湖荡137个,其中省管13个湖泊,湖泊作为一种重要的自然资源,发挥着调蓄洪水、供水、维护生物多样性、净化水质、养殖、航运、旅游等多种功能。近年来江苏省江河湖库水体污染现象日趋严重,因此治理水体污染问题刻不容缓。

江苏省的江河湖库水体污染主要包括氮、磷等营养物和有机物污染两方面。目前国内外采用的技术主要有三类:一是物理方法,即通过工程措施进行机械除藻、疏挖底泥、引水稀释等,但往往治标不治本,只能作为对付突发性水体污染的应急措施。二是化学方法,如加入化学药剂杀藻、加入铁盐促进磷的沉淀、加入石灰脱氮等。但花费大,并易造成二次污染。三是生物-生态方法,如放养控藻型生物、构建人工湿地和水生植被,这是当前的研究热点。本书选取了南京市主城西南的南河某河段、金坛市指前镇清水港某河段分别监测水质情况,并建立了生态过滤系统以研究其净化效果。

　　本书由王俊、吴苏舒、胡晓东、郭刘超、王春美、徐季雄、尹子龙、杨源浩、丰叶、吴沛沛、李志清共同执笔完成,全书共分为六章。第一章为绪论,主要介绍了我国河流水体污染情况、国内外河道修复技术,并提出了治理江苏省水体污染的简要规划。第二章为示范区概况,对南河和长荡湖上的东风河段进行介绍,主要包括地理位置、水环境情况,并从水质总体情况、各种理化特性等方面进行了详细的调查与分析。第三章介绍了生态过滤系统的建立,从模型的选取与应用、生态过滤系统的设计、施工等方面具体阐述了系统的构建。第四章介绍了水质监测的主要实验材料及方法,详细地介绍了水质水样、浮游植物、浮游动物的采集方法、样品保存以及对各种指标的分析方法。第五章分别对南河生态过滤系统和东风河生态过滤系统的效果进行分析,从水体物理特性的变化、整体水质的改善及水生生物的变化进行评价。第六章对生态过滤系统整体进行评价并提出未来改进的建议。

目录 | CONTENTS

第一章

绪论

1.1 研究背景

由于我国一些河流、湖泊相继出现了不同程度的水质恶化、生境退化以及重要或敏感水生生物消失等问题。星罗密布的河道湖泊是独特的资源优势,多年来,全国各地始终把维护河湖生命健康作为水利现代化建设的重要任务[1],坚持不懈开展流域性大江大河大湖治理,组织一大批中小河流和区域骨干河道治理,持续推进县乡河道整治。然而,由于难以根除面源污染及内源污染,即使在污水排放得到有效控制的情况下,河道污染及其富营养化问题仍然十分突出。

江苏省地处江、淮、沂沭泗诸河下游,是我国淡水湖分布集中的省(区)之一,湖泊总面积达 6 000① 余平方千米,湖泊率约为 6%。针对目前河网水体富营养化以及藻类泛滥、河道水质污染严重、河湖生态系统遭到破坏、城镇生活污水处理困难、工农业污水处理费用高等问题,本书拟采用生物抑藻技术、生态砾石床技术、土工栅格及淤泥生态袋护坡技术等建立典型河道过滤系统,有效降低平原河网地区的农业、工业以及生活污水的处理成本,开展平原河网地区缓流河道污水原位治理技术示范以及运行示范,进一步恢复河湖生态系统的自然特征,促进河湖流域环境再生。

处理河道清淤产生的巨大方量淤泥是疏浚行业的重点问题。目前,处置淤泥的疏浚方法主要采取就近弃土,疏浚淤泥抛填形成的土地非常软弱,难以开发利用,会造成大量土地资源的浪费,也增加了地方政府土地征用费的负担。利用淤泥生态袋技术,将淤泥变成可再次利用的土木工程材料,这对于河道清淤工作中淤泥处理有很大的借鉴作用。

建立平原河网地区缓流河道生态过滤系统,既可以修复河道自身的生态环境,同时又可以有效控制湖泊的污染源。本研究的实施可对水体污染物进行转移、转化及降解,从而使水体得到净化,同时又可充分利用自然系统的循环再生、自我修复等特点,实现水生态系统的良性循环。

---

① 因四舍五入,全书数据存在一定偏差。

1.2 研究目的与意义

近年来,国家以及江苏省政府不仅重视河湖水量水质,同时也高度重视水生态环境建设。2011年中共中央国务院一号文件以及江苏省委江苏省人民政府发布的《中共江苏省委 江苏省人民政府关于加快水利改革发展推进水利现代化建设的意见》(苏发〔2011〕1号),均强调河湖的生态健康。2013年党的十八大报告明确提出要大力推进生态文明建设,江苏省出台了《关于推进水生态文明建设的意见》,明确指出水生态文明是生态文明建设的重要组成和基础保障,水生态保护等相关措施是实现全省"两个率先"、绘写美丽中国的江苏篇章、实现水生态永续发展的基础。

随着江苏水生态文明建设、水生态保护相关政策的制定以及实施,河网水系引排能力明显提升,水质、水生态环境显著改善。然而,随着近年来城市跨越发展,河湖过度开发、管理缺失等矛盾日益显现,河道的防洪和供水功能衰减,水体污染、生态环境破坏等问题逐渐成为了制约经济社会可持续发展的瓶颈。目前世界各国均把污水截流、废水达标排放和控制排污总量作为湖泊河道整治的重要措施。然而,由于难以根除面源污染及内源污染,即使在污水排放得到有效控制的情况下,河道污染及其富营养化问题仍然十分突出。

建立典型入湖河道生态过滤系统,既可以修复河道自身的生态环境,同时又可以有效控制湖泊的污染源。本书相关研究的实施可对水体污染物进行转移、转化及降解,从而使水体得到净化,稳定水体的高溶氧状态,快速培植优势好氧微生物,打造生态基础,并通过生物抑藻技术、生态砾石床技术、土工栅格及淤泥生态袋护坡技术,恢复水体生物多样性,与此同时充分利用自然系统的循环再生、自我修复等特点,实现水生态系统的良性循环。

本研究的实施,可为平原河网地区河湖的健康、稳定提供成本低且易于推广的生态过滤系统,具有重大的意义。

1.3 河道修复技术国内外研究进展

1.3.1 国外研究进展

国外的河道生态修复研究始于20世纪30年代,由于要满足航运、灌溉等功能,西方早期的河道水利工程对河流进行了掠夺式的开发利用,运用了大量的石块、水泥等硬质材料,造成河道硬质化[2],河流的生态系统健康遭到破坏,河流水质开始恶化。面对日益严重的水质恶化现象,许多欧洲国家以及美国等开始对河道因过度开发而产生的水质环境恶化进行反思,有意识地对遭到破坏的河流进行修复[3]。1938年德国Seifert首先提出"近自然河溪治理"的概念,标志着河流生态修复研究的开端。"近自然河溪治理"是指能够在完成传统河道治理任务的基础上达到近自然、经济并保持景观美的一种治理方案[4]。Timothy Moss[5]探讨了将河流流域综合管理制度化之后,水与土地利用互动治理的前景,并对德国实施欧盟水框架指令的案例进行了研究,探讨了未来水管理中的治理机会和要求。

到了20世纪50年代,德国的学者创立了"近自然河道治理工程学",并在此基础上建立了河流生态修复理论[6],该理论的主要观点是在河道治理中要符合植物化和生命化的原理,这也使得植物作为河道治理的一种工程材料被使用[7-8]。美国生态学家Odum在20世纪60年代提出了生态系统自组织原理,第一次提出了系统在河流治理中的运用[9]。20世纪70年代初,法国、瑞士、荷兰、奥地利等国家在河流治理中开始使用生态工程技术,被称为"多自然型河道生态修复"。1971年Schluter认为"近自然治理"在满足人类对河流利用要求的基础上,还要维护和创造河流生态系统的多样性[10-11]。

真正的河流治理生态工程实践始于20世纪70年代中期的德国,他们对河流进行了生态恢复的尝试,进行河流回归自然的改造,将水泥堤岸改为生态河堤,重新恢复河流两岸储水湿润带,并对流域内支流实施"裁直变弯"的措施,延长洪水在支流的停留时间,降低主河道洪峰量。20世纪70年代末,瑞士的Christian Goldi将Bittmann的生物护岸法加以丰富,发展为"多自然河道生态修复技术",他用柳树和自然石护岸代替已建的混凝土护岸,这给鱼类等提供了生存空间,用深潭和浅滩近自然蛇形弯曲的自然河道代替不合理的直线形河道,让河流保持自然状态[12-16]。20 世纪 80 年代,德国、瑞士等国提出了"重新自然化"概念,提议将河流修复到接近自然的程度;英国在强调"近自然化"修复河流的同时优先考虑河流的生态功能[17]。1989 年,美国的 Mitsch 和 Jorgensn 探讨了生态工程的定义,使其成为了"多自然河道修复技术"的理论基础[18-19]。日本在 20 世纪 90 年代初期开创了"创造多自然型河川计划",即"多自然河川工法"。1997 年,日本又在原来河川管理两大目标——"治水""利水"的基础上加入了"环境",这标志着河流生态修复在日本全面展开,截至 2002 年,日本其已对 28 000 余条受损河流进行了生态修复。

2005 年初,德国城市行政管理部门、工业部门、农业组织、市民和行动组织等联合提出了一个被称作"Emscher 总体规划:展望未来"的理念,包含了整个 Emscher 流域的开发目标及实施措施,主要目标是对河流进行修复。美国在 21 世纪采用了近自然工法,在原来因采金、采沙石等活动而被破坏的河流中设置了许多浅滩、深潭以及人工湿地。欧盟理事会和欧洲议会在 2000 年 10 月签署并颁布的《欧盟水框架指令》是一个有关水域的保护和管理的法律文件,其中提出了水域保护规划要以流域为单位的原则,还提出了水生态分类、监测与评估原则[20]。Gloss 等人[21]从管理角度进行论述,将河流及水源的管理方式也纳为河流修复能否成功的评价因素。澳大利亚学者[22]对研究人员、管理人员、利益相关者之间的关系进行综合探讨,提出三个全球河流治理的观点:第一,将管理实践建立在"最佳可用科学"基础之上;第二,将多样化的、受学科约束的知识整合到跨学科及实践方法中;第三,实现基于监测和评估的适应性管理。Brierley[23]提出"河流修复方法受经济驱动,竞争世界观让人与自然分割开",同时提出人与河流共存的方法是将人视为自然的一部分,将地球系统作为超级有机体,针对具体的集水区做出全面可持续发展的承诺。Fischenich 列举了城市河流修复与流域管理的相关技术,其中详细阐述了城市化对城市河流的影响、城市河流水环境质量下降的经济损失及城市河流生态修复面临的挑战等。

总之,很多国家和地区已经开始对河流自然环境的破坏进行反思,逐步实施河流自然化的改造,并已取得良好的成果。

1.3.2 国内研究进展

国内关于河道修复的研究起步比较晚,存在不小的误区,治理的方法也比较落后。目前,我国的河道治理还在使用一些破坏河流生态环境的措施。例如,一味地增加河流堤坝的高度,运用钢筋混泥土做护岸,将弯曲的河道拉直等。这些方法虽然增加河流的防洪能力,也使得河流的生态被破坏,河流生物群落退化,自净能力下降。近年来,针对以上问题,我国的一些学者就河流的生态修复问题做了相关的研究工作。

董哲仁[24-26]第一次提出了"生态水工学"的理论框架,他认为在水工建设的过程中要把生态学的理论运用进去,水工建设不仅要满足防洪的要求,也要将河流生态系统健康的因素考虑在内。杨海军等[27-29]提出在生态修复时,要将生态学原理融入到土木工程中。他认为河流生态修复的主要内容包括适于生物生存的生境缀块的构建,适于生物生存的生态修复材料的研究,河岸生态系统恢复过程中的自组织机理研究等,他还提出了河流生态修复应该以工程安全性、亲水文化空间重建、生态系统功能强化、景观优化提升的理念为基本出发点。杨芸[30]在1999年结合成都市府南河多自然护岸工程提出了多自然河流治理的常用方法。王薇等[31]提出河流和河流廊道构成了完整的河流生态系统,河流生态修复应在流域这样的大尺度下进行。刘树坤[32]提出现代水利建设应该也要改善水域空间的景观,为居民提供安全、舒适的休闲娱乐空间。钟春欣等[33]认为河流的开发和治理一定不能破坏河流生态环境,要坚决避免先破坏再修复的不合理模式,修复方案必须从各个方面进行完善。倪晋仁等[34]提出河流生态修复的总体目标是恢复河流系统健康。王沛芳等[35]提出了水安全、水环境、水景观、水文化和水经济五位一体的城市水生态系统建设模式,能够有效地解决城市涉水规划和建设的单一性问题并完善城市水生态系统的管理体系。赵彦伟等[36]对城市河流生态系统健康的概念进行了剖析,以宁波市河流为例来进行探究,并提出水量、水质、水生生物、物理结构、河岸带5大要素的指标体系,及很健康、健康、亚健康、不健康、病态5种评价标准。陈庆伟等[37]分析了大坝建造对河流生态系统的影响途径,并结合实际案例提出已建工程可以通过水库运行方式的调整来减缓生态影响。康丽娟[38]以上海市中心城区典型河流水生态的修复项目为例,确定了河流生态修复长效管理的阶段目标。并建议在"十四五"期间,结合现有的物理指标、化学指标、生态指标对河流进行监测。王楠[39]在低碳理念的基础下提出河流生态修复原则,结合国内外相关河流的生态修复经验提出行之有效的设计策略。柴朝晖等[40]对河流生境、河流生态流量、河流生态系统健康评价、河流生态修复 4 个热点问题的研究进展进行了总结和分析,并根据当前研究中的不足,提出了今后应加强的方面。梁尧钦等[41]将河流水系与城市的发展相关联,结合人们对河流在安全、生态、景观等方面的需求,探讨了城市河流生态修复的策略与技术措施。刘丹[42]从多种角度分析了中小河道治理存在的问题,提出了河流自然修复与生态治理的对策,为提升河流生态服务功能和河道水环境恢复能力提供科学依据。

总之,国内目前对于河流的生态修复也越来越重视,相关研究也越来越多,不过目前的研究仍然稍显单薄,防洪安全、生态系统功能强化、亲水文化空间创造、景观优化提升等方面的研究还需要不断加强。

1.3.3 河流修复治理技术

河流修复是一项复杂的系统工程。目前,国内外关于河流的修复技术有许多,大概可以归纳为 3 类:物理修复、化学修复以及生物-生态修复。

1.3.3.1 物理修复技术

物理修复主要是采取工程措施,来改善受污染河道的水文条件、底泥环境条件等,从而达到修复河道的目的。主要的物理修复手段有修建水工建筑物、底泥疏浚、机械除藻、调水稀释、引水冲淤等。

修建水工建筑物主要目的是通过水工建筑物的作用,增强河流水的紊流、翻腾以及跃动等,使其接触空气面积增加,从而增加水中的溶解氧,使得河流的复氧能力以及自净能力得到提升,河流的水质得到改善。这其中最著名的工程应用实例为美国基西米河生态修复工程,将河流通道修复技术在流域大尺度下大规模应用,使得河流水质得到改善[43]。

底泥疏浚的方法能够快速有效地去除被污染的城市河道底泥中大量的氮、磷及重金属等污染物。底泥疏浚意味着将污染物从(河道)系统中清除出去,可以较大程度地削减底泥对上覆水体的污染贡献率,从而改善水质。底泥疏浚曾是美国、日本和欧洲等发达国家和地区修复河道的重要措施之一。美国马萨诸塞州的 New Bedford Harbor 实施了底泥疏浚河道修复技术,有效地消除了底泥中 PAHs 和重金属的释放,有效地减轻了河道的污染负荷[44]。我国云南滇池实施疏浚工程后,水质明显好转,疏浚区水体不再黑臭,水体透明度提高 0.43 m[45]。底泥疏浚还分为工程疏浚和环保疏浚。工程疏浚主要是将河道中的岩石、砂砾、黏土、泥浆等底泥物质从河道底部清除出去,再进行泥水分离后堆置;环保疏浚则是对清理出去后的底泥中污染物的种类进行特殊处理,为生态系统的恢复创造条件,这也是今后河道疏浚的发展方向[46]。不过底泥疏浚的工程量大,造价昂贵,如不能确定合理的挖掘深度和挖泥量,容易破坏水生态[47]。

机械除藻是通过人工操作机械将河道或者湖泊中大量繁殖的藻类打捞去除。这一技术有效地缓解了某些河流以及湖泊的水质恶化,在太湖、滇池、涡湖等均有应用。近年来,在人工机械除藻技术的基础上又发展出了臭氧/超声波除藻技术。屠清瑛等[48]运用这一技术对北京什刹海后海进行试验,结果发现藻类的去除率达到了80%,对总磷也有很好的去除效果。

城市受污染河道可以采用大规模环境调水的措施,通过在一定区域范围内对受污染河道引入大量清洁水源,增加河道流量,冲走河道淤积的底泥、稀释污染的河水,从而达到改善生态环境条件、修复河道的目的[46]。韩国的清溪川就是通过大规模环境调水实现生态修复的一个成功案例[49]。另外俄罗斯的莫斯科河[50]、日本的隅田川[51]等世界著名河流的污染治理也都采用过此种河道生态修复方法,并且取得很好的治理效果。

物理修复的特点是实施简单、见效快,不过副作用也明显,易造成生态系统的破坏,不能标本兼治。

1.3.3.2　化学修复技术

化学修复就是向受污染的河道中投入化学改良剂,改变水体中氧化还原电位、pH,吸附、沉淀水体中悬浮物质和有机质等,使污染物得以从底泥中分离或降解转化成低毒或无毒的化学形态,达到修复河道生态环境的目的。主要的技术措施有混凝沉淀、加入化学药剂杀藻、加入铁盐促进磷的沉淀、加入石灰脱氮。

混凝剂聚氯化铝(PAC)和酪蛋白絮凝泡沫分离法无污染,适合于藻类的回收去除,其最佳的药剂注入条件是:PAC 添加浓度为 5 mg/L,急速搅拌 3 min,酪蛋白添加浓度为 15 mg/L,pH 范围 7~8[52]。混凝沉淀操作简单、维修方便、效果好,可用于含大量悬浮物、藻类的水体处理,不过基建费用和药剂成本较高,而且会产生二次污染,只能作为预处理工艺。

化学药剂杀藻常用的药剂有硫酸铜、漂白粉、明矾、聚铝和硫酸亚铁等。投放硫酸铜同时改变水体 pH 可以有效去除水中藻类、降低甚至消除水腥味；次氯酸钙可以有效杀灭引发水华的绿藻、蓝藻和硅藻。2005 年南京玄武湖开展了以醋酸为主要成分的化学除藻剂治理蓝藻水华的实验研究，治理后实验区藻类总量下降了 82.8%[53]。王曙光等利用化学强化一级处理（CEPT）技术对深圳市受污染的龙岗河、观兰河、燕川河、大茅河河水进行了试验研究，结果表明，该方法对 COD_{Cr}、悬浮物（SS）、总磷（TP）去除效果较好，对总氮（TN）、重金属等也有一定的去除效果[54-56]。

其他的像加入铁盐可以促进磷的沉淀，加入石灰可以脱氮等。化学方法的暂时效果最为明显，因此一般作为应急控制技术。它的缺点也十分明显，容易造成水体的二次污染，成本高，作用效果不够持久，也是一种治标不治本的方法，因此，只能作为一种协助技术或应急控制技术[57]。

1.3.3.3　生物-生态修复技术

生物修复主要是利用天然存在的或特别培养的微生物以及其他生物，在可调控环境下将有毒、有害的污染物转化为无毒物质的处理技术[58-62]，而生态修复是利用生态工学原理、技术，通过河道水污染控制、水量和水流态的调节、河道河底和岸坡的形态结构的生态改造，恢复河道生物多样性，重建河道生态系统的结构和功能，使之达到良性的自然生态平衡[63]。生物修复和生态修复的结合是修复河流最好的办法，可持续性强，能够实现人与自然的和谐相处。目前，依据不同的材料和方法。生物-生态修复技术又可以具体分为以下几类。

（1）生态护坡修复技术

传统的河道整治方法往往是把护坡建成直立式或用钢筋混凝土覆盖护坡[64-66]，从而破坏了河流的生态环境以及生物的生长环境。从修复河道的生态环境出发，有条件的护坡都应种植草坪或灌木，草坪和灌木可有效增强护坡的稳定性，防止水土流失。同时，运用生态工程的技术与方法，可以充分发挥护坡植被的缓冲功能，恢复和重建退化的护坡生态系统，保护和提高生物多样性[67-69]。

（2）人工湿地处理技术

人工湿地处理技术主要借助湿地植物根系的输氧作用及传递特性，因湿地植物根系可连续处于好氧、缺氧、厌氧状态[70],这一过程可以很好地去除河流中的氮、磷等富营养盐,人工湿地利用自然生态系统中物理、化学和生物的三重作用实现对污水的净化,这种技术已经成为提高大型水体水质的有效方法[71-73]。

(3) 生物膜处理技术

生物膜处理技术是把天然材料(如卵石)、合成材料(如纤维)等载体放在河流中,在这些载体的表面形成一种特殊的生物膜,生物膜可为微生物提供较大的附着表面,有利于微生物对污染物进行降解[74]。利用这一原理,可以在河道内铺设一些卵石,改变水环境生态链结构的单一性[75]。生物膜技术具有较高的处理效率,对于受有机物及氨氮轻度污染的水体有明显的修复效果[76]。采用生物膜处理技术对受污染河水进行修复,与其他工程措施相比有许多优点:污染物就地处理,操作简便,对周围环境干扰少;费用低廉;无二次污染,遗留问题少;修复时间短[77]。

(4) 生物浮床技术

生物浮床作为一个载体,可以为水生植物、水生动物提供生存环境,通过水生植物、水生动物的作用消减水体中的污染物质,净化水质[78-79]。在河道断面比较小的水体中,局部种植各种适宜的陆生植物和湿生植物,不仅可以美化、绿化水域景观,还可以通过根系的吸收和吸附作用,去除水体中的氮、磷等元素,并通过收获植物的方式将其带离水体,从而达到净化水质、改善景观的目的[80]。

(5) 曝气生态净化

曝气生态净化系统以水生生物为主体,辅以适当的人工曝气,建立人工模拟生态处理系统,以高效降解水体中的污染负荷,改善或净化水质,是人工净化与生态净化相结合的工艺[81-82]。河道曝气生态净化系统中的氧气主要来源有人工曝气复氧、大气复氧、水生生物通过光合作用传输部分氧气三种途径[83]。在采用曝气生态净化系统的黑臭河道可以形成一种有多种微生物和水生动物共存的复杂生态系统,有细菌、真菌、霉菌、藻类、原生动物、后生动物、底栖动物和生水动物等。通过物理吸附、生物吸收和生物降解等作用以及各类微生物和水生生物之间功能上的协同作用去除污染物,并形成食物链,达到去除污染物的目的[84]。

（6）水生植物修复技术

水生植物可通过自身的生长代谢吸收水中的营养物质,有效控制水中氮的含量。春、夏、秋三季主要种植凤眼莲、浮萍等喜温水生植物,冬季种植耐寒水生植物,如西洋菜、小浮萍、菹草等[85-86]。

（7）水生动物修复技术

水生动物修复技术是国外研究的用于富营养化水质治理的一项技术,通过改变鱼类的组成和密度来调整水体的营养结构。应用鲢鱼、鲤鱼和草鱼等滤食性食藻鱼,可以有效控制浮游植物(蓝藻)引起的富营养化[87-88]。

1.4 任务和内容

1.4.1 示范任务

本书在平原河网地区缓流河道,针对要达到的预期目标,设计生态过滤系统,建立长约 200 m 的生态过滤系统示范河段两段,共计约 400 m。生态过滤系统建立后 COD_{Mn} 去除率大于 10%、TN 去除率大于 25%、TP 去除率大于 20%,氨氮可以去除 20%,这一研究成果成本低廉、易于实施。该河道生态原位修复技术具有良好的社会、环境以及经济效益,对平原地区河流的治理具有重要的指导意义。

1.4.2 示范内容

针对河流修复技术,研究适合河流的生态过滤系统,通过对南京市主城西南的南河及金坛地区典型入湖河流的调研,分别选取了工程拟实施的南河某河段、金坛市指前镇清水港某支流某河段,并监测了两段河流断面的水流水质情况,基于此设计并建立了生态过滤系统,研究了生态过滤系统的净化效果。本研究的主要内容如下:

①研究并应用新型的生物抑藻技术,利用水生植物的化感作用抑制藻类生长。拟针对河道特性,组合种植控藻活性较强的沉水植物,减少水体和底泥的氮、磷营养负荷,同时可以合成和分泌化感物质,抑制浮游植物尤其是蓝藻和硅藻的生长。

②研究并应用生态砾石床技术,拟利用砾石制成生态砾石床,过滤水中的悬浮污染杂质,同时利用卵石有利于微生物的附着成长的特性,促进生物膜进行硝化、反硝化作用,降低氮的含量。

③研究并应用土工栅格及淤泥生态袋护坡技术,铺设土工栅格并依照当地河道特性在生态袋内按科学比例填充淤泥、土、砂、肥料等填充物,并进行人工植生,构建低成本、施工方便、抗冲刷、耐久性强、透水性可塑性强等优势的生态护坡。

④采用水生态系统生物以及物理原位修复技术,分别在南河市选取典型河道建立平原河网地区缓流河道原位生态过滤系统,在金坛地区选取典型湖泊的入湖河建立入湖河道原位生态过滤系统。

⑤在平原河网地区缓流河道原位生态过滤系统建立前后和入湖河道原位生态过滤系统建立前后,进行水生态监测,监测的对象包括水生高等植物、浮游植物、浮游动物和底栖动物的组成、数量、生物量及时空分布等,在此基础上进行河道水生态环境变化效果分析。

1.5 方法和技术路线

1.5.1 总体思路

①通过生态过滤系统建立前后河道形态、水质指标(溶解氧、氨氮、总氮、总磷以及高锰酸盐指数)的变化和浮游植物、浮游动物指数的变化,分析生态过滤系统对水环境的改善。

②通过对透明度、温度、pH、营养盐等生态因子的观测以及水生植物、底栖动物和微生物生长分布的调查统计,研究各个河段的生态系统特征,分析生态型河道的生态功能。

1.5.2 技术路线

根据本研究的任务内容,结合国内外研究现状,针对本课题的实际情况,设计了技术路线图,如图1-1所示。

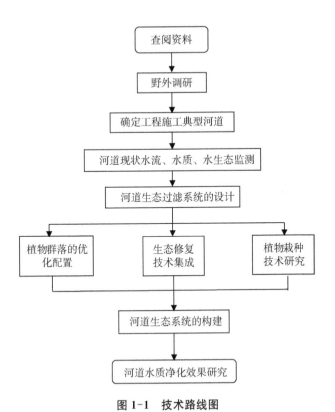

图 1-1　技术路线图

第二章

示范区概况

2.1 示范区地理位置

2.1.1 南河

南河古称阴山河,是金陵9条江东古运河之一,南朝梁大同九年(公元543年)出于漕运目的,人工开凿而成,起自新林浦(今大胜关)至新亭(今安德门),全长约15.5 km。元朝至正三年(公元1343年)对毛公渡以上河道进行全面疏浚,废毛公渡至安德门段老河,新开毛公渡至赛虹桥新河。

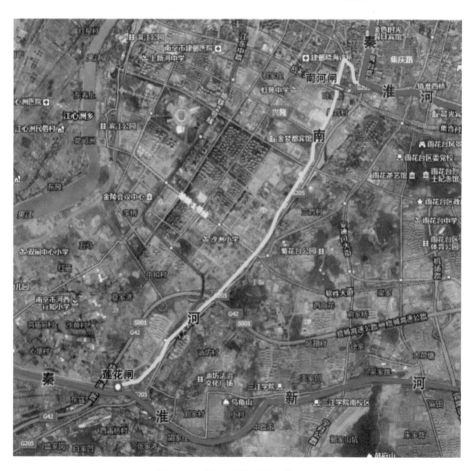

图 2-1 南河位置及周边水系图

现状南河属秦淮河流域,上游与秦淮新河相接,相接处设有莲花闸,下游在赛虹桥处入外秦淮河,河道总长度约 9.3 km,赛虹桥上游 1.25 km 处建有南河闸(图 2-1)。南河流域来水按东西岸分两大部分,东岸基本上为山丘区汇水,汇水面积 6.10 km²,成带状分布,大部分区域已经开发建设为城市建成区,暴雨产生的洪水直接汇入南河;西岸则为圩区汇水,通过排涝泵站抽排进入南河。南河在南京赛虹桥附近从西岸汇入秦淮河,其洪水受汇水区来水和秦淮河洪水及长江洪水回水的共同影响。

2.1.2 长荡湖

长荡湖又名洮湖,是江苏省十大淡水湖之一,位于长江三角洲西缘,N31°30′～31°40′,E119°30′～119°40′,跨金坛、溧阳两市(图 2-2),西倚茅山,

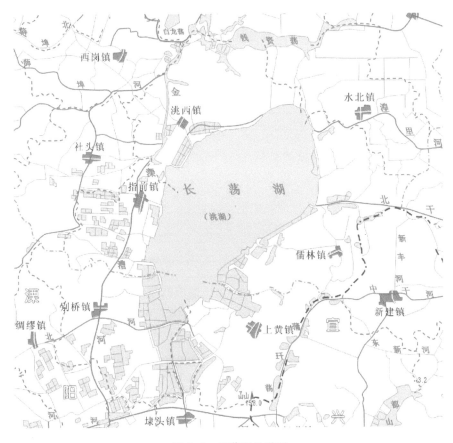

图 2-2 长荡湖位置图

东接涠湖,北接长江,东南隔散布一些蚀丘,湖区地势西高东低,故水系呈自西向东倾注之势。较大的入湖河流有大埔港、新开河(即丹金溧漕河)、温绿江、方荡港、新河港、白石港及土山港等,其中除新开河直接从丹阳引大运河的江水外,其余多源自茅山、方山、香草山及土山等,较大的出湖河流有湟里河、北干河、中干河及南干河等,湖水东泄直至涠湖,再入太湖。该湖属于浅水湖泊,面积为 90 km²,平均宽度 5.6 km,平均水深 1.22 m,最大水深 1.31 m,容积为 1 亿 m³。长荡湖主要功能为防洪泄洪、供水、旅游、养殖、生态净化等。

本书研究的入湖河道位于金坛市指前镇,指前镇地处太湖流域湖西地区,西面与茅山接壤属丘陵山区,东临长荡湖属低洼圩区,呈西高东低之势。指前镇行政区域面积为 71 km²,境内河网密布,主要由"一湖两纵六横"组成,一湖指长荡湖,两纵指社头南北大河和丹金溧漕河,六纵指光荣河、北大河、南埂河、九里湾河、后漫河和前漫河。入湖港口有三条,即白石港(是南埂河的延伸段)、仁和港(是九里湾河的延伸段)和庄阳港(后漫河的延伸段)。清水港位于指前集镇南侧,上接仁和港,下通长荡湖,是指前镇入湖港口之一仁和港的支流。

2.2 示范区水环境概况

2.2.1 南河

2.2.1.1 相关断面历史水质情况

本研究共收集 7 个断面水质资料:长江板桥汽渡右断面、长江城南水厂断面、秦淮新河闸断面、秦淮新河西善桥断面、秦淮新河将军大道桥断面、外秦淮河凤台桥断面、南河莲花闸断面。

收集到的固定监测断面水质检测日期为 2016 年 6 月至 2017 年 5 月共12 个月,每月取样检测一次。

分析的主要指标为:溶解氧(DO)、化学需氧量(COD)、五日生化需氧量(BOD₅)、高锰酸盐指数(COD_{Mn})、氨氮(NH_3-N)、总磷(TP)等,水质数据详见表 2-1。

表 2-1 监测断面水质本底状况(2016 年 6 月至 2017 年 5 月)

河道	断面名称	水功能区水质目标	现状水质				
			Ⅲ类	Ⅳ类	Ⅴ类	劣Ⅴ类	轻度黑臭
长江	板桥汽渡右	Ⅱ类	100%	—	—	—	—
	城南水厂	Ⅱ类	100%	—	—	—	—
秦淮新河	秦淮新河闸	Ⅳ类	50%	25%	8%	17%	
	西善桥	Ⅳ类	8%	42%	17%	33%	—
	将军大道桥	Ⅳ类	8%	17%	8%	67%	
外秦淮河	凤台桥	Ⅳ类	—	17%	25%	58%	
南河	莲花闸	Ⅳ类	17%	42%	—	33%	8%

2.2.1.2 过滤系统实施前水质情况

本研究收集 2017 年南河干流、沿岸排口[①]、各雨水泵站前池及上游秦淮新河相关断面水质并取样检测。

(1)检测日期

2017 年 5 月 26 日

(2)检测断面

南河干流从莲花闸至赛虹桥共布设 11 个监测断面,南河两岸 9 个雨水泵站前池各布设 1 个断面、南河右岸 6 个大尺寸排污口各布设 1 个断面,秦淮新河莲花闸上下游共布设 3 个断面,共计 29 个断面。

(3)检测指标

对以上监测点名进行水质检测,指标包含:酸碱度(pH)、DO、透明度、氧化还原电位(ORP)、COD、COD_{Mn}、BOD_5、NH_3-N、TP 等指标,共计 9 项。

(4)检测结果

---

① 本书中排口即为排污口简称,日常工作中用"排口"较多。

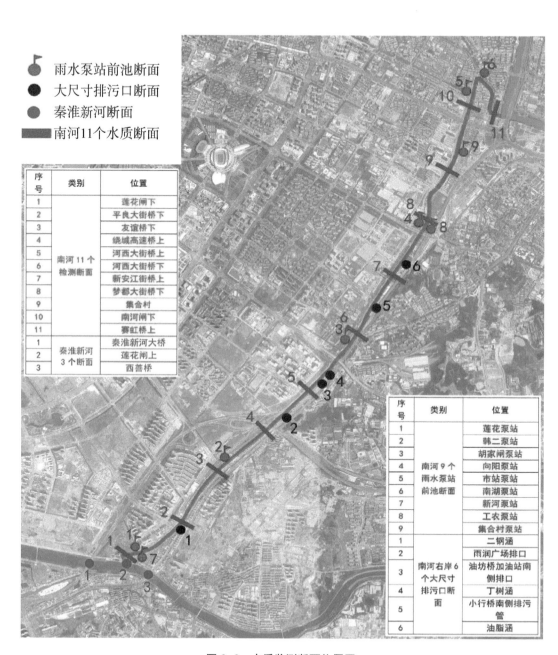

图例：
雨水泵站前池断面
大尺寸排污口断面
秦淮新河断面
南河11个水质断面

序号	类别	位置
1	南河11个检测断面	莲花闸下
2		平良大街桥下
3		友谊桥下
4		绕城高速桥上
5		河西大街桥上
6		河西大街桥下
7		新安江街桥上
8		梦都大街桥下
9		集合村
10		南河闸下
11		霁虹桥上
1	秦淮新河3个断面	秦淮新河大桥
2		莲花闸上
3		西善桥

序号	类别	位置
1	南河9个雨水泵站前池断面	莲花泵站
2		韩二泵站
3		胡家闸泵站
4		向阳泵站
5		市站泵站
6		南湖泵站
7		新河泵站
8		工农泵站
9		集合村泵站
1	南河右岸6个大尺寸排污口断面	二钢涵
2		雨润广场排口
3		油坊桥加油站南侧排口
4		丁树涵
5		小行桥南侧排污管
6		油脂涵

图 2-3　水质监测断面位置图

表 2-2 主要指标检测结果表

	站点	pH	DO (mg/L)	ORP (mV)	透明度 (cm)	COD (mg/L)	COD$_{Mn}$ (mg/L)	BOD$_5$ (mg/L)	NH$_3$-N (mg/L)	TP (mg/L)	水质综合评价
1	莲花闸下	7.70	3.61	268.3	40	29.1	3.4	2.0	1.22	0.115	IV类
2	平良大街桥下	7.77	2.23	291.5	30	23.9	3.6	1.8	1.57	0.166	V类
3	友谊桥下	7.66	1.04	201.0	30	23.0	3.9	1.8	2.75	0.241	轻度黑臭
4	绕城高速桥上	7.70	2.31	223.3	30	22.4	4.3	3.4	4.18	0.363	劣V类
5	河西大街桥上	7.62	0.50	114.3	25	52.8	9.5	8.1	12.92	1.101	轻度黑臭
6	河西大街桥下	7.59	0.79	99.6	25	66.0	10.9	9.9	14.52	1.293	轻度黑臭
7	新安江街桥上	7.54	0.57	60.4	30	54.5	9.6	7.8	15.26	1.307	重度黑臭
8	梦都大街桥下	7.56	2.95	161.8	25	47.3	8.7	3.0	7.71	0.744	劣V类
9	集合村	7.60	2.72	74.7	30	21.3	5.1	4.3	6.37	0.380	劣V类
10	南河闸下	7.63	1.98	144.3	30	26.8	5.8	2.5	6.77	0.396	轻度黑臭
11	赛虹桥上	7.62	0.56	26.9	25	35.2	7.5	4.9	12.10	0.990	重度黑臭

南河干流11个断面

本次工程各水质检测断面主要指标柱状图如下：

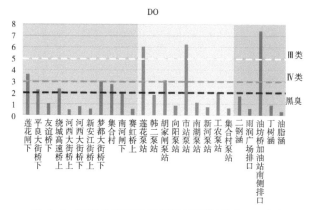

图 2-4　南河各断面溶解氧指标图[①]（单位：mg/L）

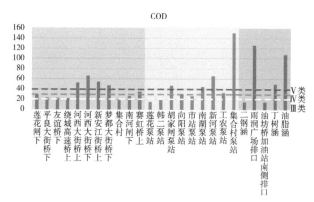

图 2-5　南河各断面化学需氧量指标图（单位：mg/L）

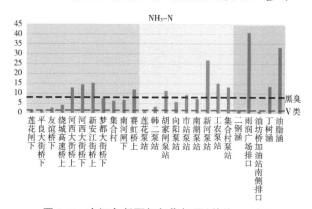

图 2-6　南河各断面氨氮指标图（单位：mg/L）

<hr/>

① 图 2-4 至图 2-6 不包括小行桥南侧排污管数据。

2.2.1.3　水环境质量总体评价

（1）长江

南河上游连接秦淮新河，秦淮新河河口现状有秦淮新河闸及引水泵站，现状引水流量为 50 m³/s，引水泵站现阶段正在扩建，新增 50 m³/s 引水流量，建成后引水规模为 100 m³/s，泵站引长江水进入秦淮新河，秦淮新河现状主要为长江水。

根据南京市水文局固定监测断面水质资料显示，长江板桥汽渡右断面水质常年维持在Ⅲ类水水平。

（2）秦淮新河

秦淮新河闸上断面水质较好，秦淮新河闸断面 2016 年 6 月至 2017 年 5 月 75%月份达标，83%月份达到Ⅴ类水水平；秦淮新河西善桥断面 50%月份达标，67%月份达到Ⅴ类水水平；秦淮新河将军大道桥断面 2016 年 25%月份达标，67%月份为劣Ⅴ类水水平。

根据 5 月 26 日的水质取样检测结果显示，秦淮新河大桥断面现状水质为Ⅲ类，秦淮新河莲花闸上断面现状水质为Ⅳ类，秦淮新河西善桥断面现状水质为Ⅴ类。

根据水质监测数据及现场取样检测结果显示，秦淮新河泵站引长江水进入秦淮新河后，由两岸排口及泵站排水，秦淮新河水质由西向东逐渐恶化，导致秦淮新河莲花闸断面的水质波动较大，但基本可维持在Ⅴ类水水平。秦淮新河沿岸正在开展排口整治及排水达标区建设，未来秦淮新河莲花闸断面水质有逐步变好的趋势。

（3）南河干流断面

根据南京市水文局发布的《南京市重点水功能区水质报告（201705 期）》南河水功能区 2020 年目标水质为Ⅳ类，现状水质为劣Ⅴ类，主要超标项目为氨氮（超标 4 倍）。

对南河干流 11 个断面进行了取样检测，其中莲花闸下断面为Ⅳ类，平良大街桥下断面为Ⅴ类，其余 9 个断面，3 个为劣Ⅴ类，4 个为轻度黑臭，2 个为重度黑臭。

以氨氮指标为例，南河干流 11 个断面水质变化较大，其中莲花闸下—新安江街桥上 7 个断面水质逐步恶化，河西大街桥上、河西大街桥下断面均达到轻度黑臭级别。新安江街桥上断面水质最差,氨氮指标为 15.26 mg/L,达到重度黑臭级别。之后 2 个断面梦都大街桥下—集合村水质逐渐缓和,但仍为劣 V 类,河水到达南河闸下断面又开始恶化,赛虹桥上断面水质再次达到轻度黑臭级别。相关河道现状水质类别图如下:

图 2-7　水功能区水质目标及现状水质图

综上,南河现状水环境质量较差。其中河西大街桥上—梦都大街桥下、南河闸下—赛虹桥上两段河道水质极差,急需整治。

(4)南河两岸 9 个泵站前池断面

对南河两岸 9 个泵站前池断面进行了水质取样检测,由于城市雨污水体系的不完善,南河两岸的雨水泵站存在旱天排污的现象。根据水质检测结果显示,除莲花泵站前池外,其余泵站前池水质均达到黑臭级别,其中韩二泵站、胡家闸泵站、向阳泵站、市站泵站、南湖泵站 5 座泵站前池水质为轻度黑臭,新河泵站、集合村泵站、工农泵站 3 座泵站前池水质为重度黑臭。南河两岸雨水泵站前池水质极差,给南河输送了大量的污染物。

(5)南河右岸 6 个大尺寸排口断面

对南河右岸 6 个大尺寸排口断面进行水质取样检测,除油坊桥加油站南侧排口水质为Ⅴ类外,其余 5 个大尺寸排口断面均为劣Ⅴ类水质,其中二钢涵和丁树涵为轻度黑臭,雨润广场排口和油脂涵为重度黑臭,氨氮指标高达40.96 mg/L 和 33.41 mg/L。

南河两岸排口数量众多,这些直排和混排的排口,每年有大量的污染物入河,给南河的水体造成巨大污染,急需整治。

(6)水环境质量总体评估

南河水体中除了五日生化需氧量、高锰酸盐指数都能达到Ⅴ类水标准外,其他一些常规指标如溶解氧、化学需氧量、氨氮、总磷都不同程度地超过Ⅴ类水质标准。其中氨氮、总磷超标十分严重,超标范围分别达 1.8～10.2 和 2.5～4.4 倍;水体中浮游植物种类数也相对偏少;南河不同河段已经出现轻度及重度黑臭现象。

秦淮新河莲花闸断面水质基本维持在Ⅴ类水平,河水通过莲花闸进入南河后,沿程接收了大量排口及泵站排出的生活污水及企业废水,致使氮、磷、化学需氧量等指标严重超标,水体的感官表现同样不容乐观。此外,南河除受到沿程排污影响外,受污染的底泥释放污染物质的影响也很大,特别是夏季高温时会有更多污染物质从底泥中释放进入水体,南河的黑、臭现象会更加明显。

2.2.2 长荡湖

2.2.2.1 长荡湖的主要理化特性

（1）自由水面率

自由水面率是湖泊开敞水面面积与总面积的比值。健康的湖泊水面应该是完全通畅的，少有阻断物限制湖泊水流的正常流转，能保证湖泊水文过程的完整性。而近几十年，由于湖泊开垦、旅游和围网养鱼等活动，湖泊自由水面率大大下降，严重制约了湖泊功能的发挥和可持续发展。

关于长荡湖的面积，长久以来都未有定论，如《江苏湖泊志》中曾提出其面积为 90 km²。而根据最新的 0.3 m 高分辨率卫星遥感图片解译，确定了长荡湖保护范围面积为 120.74 km²（图 2-8），其中自由水面面积仅为 61.02 km²，其余的为圈圩和围网面积，自由水面率仅为 50.54%（表 2-3）。

表 2-3　长荡湖的面积

长荡湖	面积（km²）	百分比（%）
圈圩	33.96	28.13
围网	25.76	21.34
自由水面	61.02	50.54
保护范围面积	120.74	100.01

在 1983 年前，长荡湖围网养殖基本不可见，周边的围垦情况也较少发生，湖泊内水草覆盖率可达 90% 以上，那时的自由水面率可达到 90% 以上，湖水清澈透底，水体的阳光充足，整个湖体水流通畅，湖泊生物多样性较高，饵料生物充足，鱼产量也较高。1984 年后，随着湖泊围网养殖的试验成功，围网养殖的生产经营活动蓬勃开展起来，并迅速铺满整个湖泊。按照当年围网养殖试验的要求，在进行鱼类养殖同时兼顾水质的良好状况，研究人员提出围网养殖的面积只能占湖面的 10% 左右，后来为了兼顾养殖利益的需要，也只扩大到 20% 的湖面面积，这样能保证湖泊自由水面率保持在 70%～80%。但后来，由于利益的驱动，长荡湖围网面积迅速突破 20%，甚至达到 60% 以上，严重影响了湖泊生态系统的结构和功能。近年来，经政府相关部门的疏导，同时对违规扩展的围网进行大幅度整治，使得围网养殖占有面积大幅度下降。

但即便是这样,长荡湖自由水面率仍相对较低,离 70% 的安全湖泊自由水面率还有不小的差距。

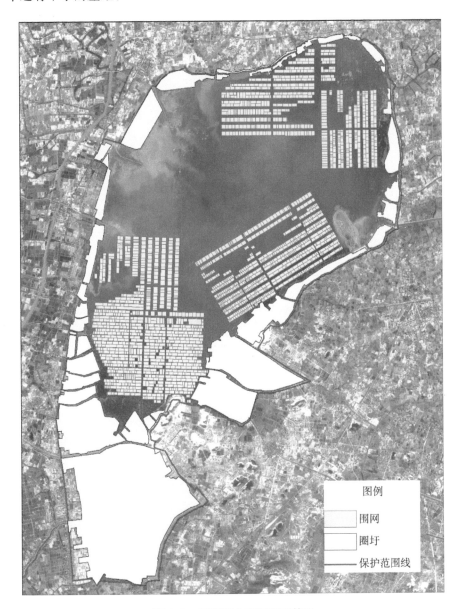

图例

□ 围网

□ 圈圩

── 保护范围线

图 2-8　长荡湖水域面积测算图

(2)水深

长荡湖湖底平坦,平均水深 1.16 m,夏季汛期流域降水丰富,水深较深,最深水深为 1.91 m,出现在 8 月份,除夏季以外,其余各月水深均低于 1.2 m,最低水深为 0.71 m(见图 2-9)。主要原因为流域内降水量减少,湖水入水量低。

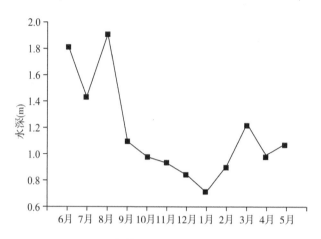

图 2-9　长荡湖水深的逐月变化情况

(3) 水温

湖水温度状况是影响湖水各种理化过程和动力现象的重要因素,也是湖泊生态系统的环境条件,不仅涉及生物的新陈代谢和物质分解,而且也直接决定湖泊生产力的高低,与渔业、农业均有密切的关系。

由于湖水在不同季节接受太阳辐射能不同,使水温发生年内变化。长荡湖属于浅水湖泊,因受湖泊气候的长期影响,水温有着相应的变化过程,最高温度出现在 7 月份,其值为 31.19℃,最低温度出现在 1 月份,其值为 4.36℃。年平均水温为 17.44℃(见图 2-10)。

水温垂直分布,由于太阳辐射能的变化和水体在垂线上的增温和冷却的强度不一,使水体呈现分层现象,而且这种分层现象具有明显的日变化和年变化。一般在春、夏季,白天以正温分布为主,夜晚至清晨以同温分布为主;秋季降温期,中午前后正温分布,夜晚至清晨同温和逆温分布;冬季则以逆温分布为主。长荡湖虽然有分层现象,但垂直温差一般小于 0.5℃,少数时候会大于 2℃,个别天高达 3.61℃,但稍遇风浪即呈同温分布。除 8 月份的温差较大,为 2.01℃外,其余各月的温差很小。综上所述,长荡湖湖水垂直温差不大,这是由于长荡湖为浅水湖,风力混合动力作用较强所致。

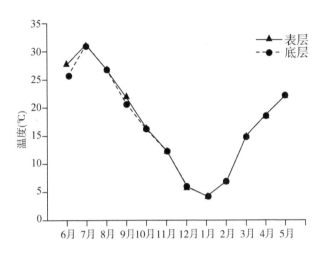

图 2-10　长荡湖表、底层水温的逐月变化情况

（4）透明度

透明度是指水样的澄清程度，是湖水的主要物理性质之一，透明度通常用塞氏盘方法来测定，以 cm 或 m 表示。影响湖水透明度大小的因素主要是水中悬浮物质和浮游生物。悬浮物质和浮游生物含量越高，透明度则越小；反之，悬浮物质和浮游生物的含量越低，则湖水透明度越大。据国外文献报道，湖水透明度与生物量间表现出双曲线关系，而并非直线关系。因此，这种曲线关系在一定范围内可以指示浮游藻类的多寡。而浮游藻类的多寡又与水质营养状况直接相关，所以在很多水质富营养化评价标准中，均把透明度这一感官指标作为重要的评价参数。

长荡湖透明度总的特点是透明度低，其变化幅度不大。全年平均值为0.35 m，1、3 月份透明度较高，达 0.35 m，最低值出现在 4、10 月，为 0.28 m。透明度最高点位于航道中央，周围水草丰富，水面平静，可以见底。最低点位于敞水区和围网养殖区交界区域，风浪扰动较大。长荡湖的这种变化除了受生物生长及季节变化因素影响外，夏季水深大、冬季水深小以及风浪也是其变化原因之一。

（5）浊度

浊度用以表现水中悬浮物对射入光线的阻碍程度。由于水中有不溶解物质的存在，使通过水样的部分光线被吸收或被散射，而不能直线穿透。因此，混浊现象是水样的一种光学性质。一般说来，水中的不溶解物质愈多，浊

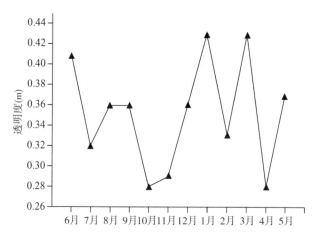

图 2-11　长荡湖透明度的逐月变化情况

度愈高,但两者之间并没有直接的定量关系。浊度的大小不仅与不溶解物质的数量、浓度有关,而且还与这些小溶解物质的颗粒大小、形状和折射指数等性质有关。长荡湖浊度全年平均值为 74.77NTU,最高值在 9 月为 176.71NTU,最低值在 3 月为 20.57NTU,7—10 月较大,其余各月较小。这可能是因为夏季降水量大,大量固体颗粒物质随地表径流被带入;且夏季的风浪较大,将底质中的沉积物大量扬起,从而增大了湖水的悬浮颗粒浓度。

长荡湖表层和底层浊度在夏、秋季有很大差异,冬、春季则没有明显的差异。一年内各月份表层的浊度变化不大,均值为 43.5NTU,远低于总平均值。湖水底层的浊度在 7—10 月最高,平均值为 233.7NTU,远高于年平均值,最大值为 311.5NTU,出现在 9 月(见图 2-12)。浊度的差异主要是由于底质扰动扬起来的颗粒物浓度不同造成,而颗粒物的密度略高于水,底层的颗粒物浓度高,浊度就更高;且表层悬浮颗粒物的浓度、数量、颗粒大小、形状和折射指数等性质受风浪的影响不明显。

(6)电导率

长荡湖电导率较高,全湖变动在 470～540 ms/cm 范围内,平均值为 560.29 ms/cm。全湖平面分布没有明显的差异。8 月至翌年 1 月电导率较低,平均值为 481.07 ms/cm,其余各月较高,平均值为 639.51 ms/cm。最高值为 736.70 ms/cm,出现在 4 月,最低值为 472.30 ms/cm,出现在 12 月(见图 2-13)。

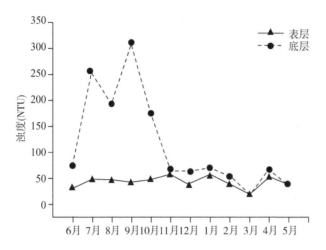

图 2-12 长荡湖浊度表、底层的逐月变化情况

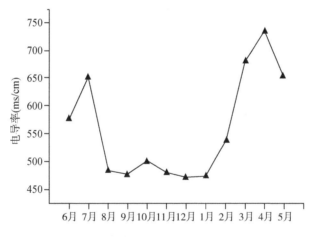

图 2-13 长荡湖电导率的逐月变化情况

（7）矿化度

溶解性总固体（Total Dissolved Solids，TDS），是溶解在水里的无机盐和有机物的总称。湖水的矿化度是湖泊水化学的重要属性之一，它可直接反映出湖水离子组成的化学类型，又可以间接地反映出湖水盐类物质积累或稀释的环境条件。溶解性总固体的量与饮用水的味觉直接有关。其主要成份有钙、镁、钠、钾离子和碳酸根离子、碳酸氢根离子、氯离子、硫酸根离子和硝酸根离子。水中的 TDS 来源于自然界、下水道、城市和农业污水以及工业废水。为了防治结冰在路面上铺洒盐类也会增加水中的 TDS 量。

由于有大量围网养蟹,长荡湖水中有机质多,营养盐含量增多,矿化度相对较高,全年 TDS 平均为 327.74 mg/L。受降雨量的影响,夏季雨水充沛,矿化度相对较低,最低值出现在 8 月为 223 mg/L,冬季为枯水期,入湖水量减少,水中营养盐含量积累,TDS 呈现由夏至冬逐渐增加的趋势,到翌年 3 月达到最大值 416 mg/L。

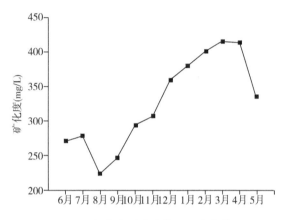

图 2-14　长荡湖矿化度的逐月变化情况

(8) pH

在淡水湖中,凡游离 CO_2 含量较高,pH 就低;而 HCO_3^- 含量较高的湖泊,pH 也会相应增加。由于受入湖径流 pH 的不同、湖水交换的强弱以及湖内生物种群数量的多少等因素影响,pH 的平面分布也不完全一致。在通常情况下,敞水区的 pH 高于沿岸带。湖泊藻类在进行光合作用的过程中,一般需消耗水中的游离 CO_2,使 pH 相应增加。而光合作用的过程通常在白昼进行的,并在夏、秋两季的表层水体中较旺盛,所以 pH 在昼夜、年内及垂线分布上都有明显的变化规律。

长荡湖的湖水 pH 全年均值在 8.0~9.1 之间,呈微碱性(见图 2-15)。季节性变化不明显,夏季 pH 最低在 8 月,为 8.18,春季 pH 最高在 5 月,为 9.06,最高值、最低值仅差 0.88。2 月—5 月 pH 有直线增加的趋势,这与流域光照强度增加使湖泊藻类生长、消耗水体中游离 CO_2 相一致。

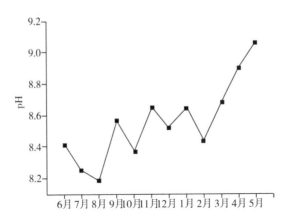

图 2-15 长荡湖 pH 的逐月变化情况

（9）溶氧

湖泊溶氧含量的高低对湖泊生物生长、发育以及湖水自净能力的影响很大，是水质评价的一个重要依据。受湖水动力条件差异的影响，表层湖水中溶氧含量的平面分布，一般敞水区比沿岸带略高。影响溶氧含量的因素主要是温度，氧气在水中溶解度和其他气体一样，常随温度升高而降低，一年内夏季水温最高，湖水溶氧含量则相应降低，而冬季则与此相反；其次是湖泊生物（水生高等植物和藻类）在白昼进行光合作用的同时，也增加了湖水中氧气的含量，夜间则相反；湖中有机物或还原性物质在分解和氧化过程中需消耗氧气，使溶氧含量下降。

长荡湖溶氧年平均值为 9.64 $\mu g/L$，最大值为 12.85 $\mu g/L$，出现在 1 月，最小值为 5.58 $\mu g/L$，出现在 8 月。溶氧饱和度除夏季低于 85% 外，其余各月接近饱和状态。表、底层溶氧浓度在夏、秋两季有显著的差别，其中 6 月表、底层溶氧差值最大，达到 5.7 $\mu g/L$，其余各月没有较大的差异（见图 2-16）。

（10）叶绿素

藻类属于低等植物，而湖泊浮游藻类为藻类的重要组成部分，同时又是湖泊水生生物的重要部分之一，与水生高等植物一样具有叶绿素，利用光能进行光合作用，制造有机物质，同时放出氧气，是自养生物。藻类与水生高等植物共同组成湖泊的初级生产者，在缺少水生高等植物的一些湖泊中，藻类成为唯一的初级生产者，而且是湖泊中一些动物和微生物食物的主要来源和生态基础。

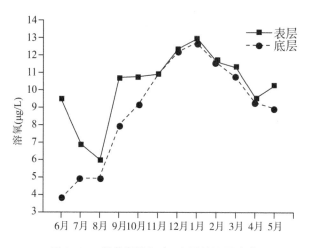

图 2-16　长荡湖溶氧表、底层的逐月变化

全年内,长荡湖叶绿素平均值为 27.95 μg/L,夏季叶绿素浓度最低,到 8 月份达到最低值 14.61 μg/L,8 月—11 月叶绿素浓度逐渐升高(呈线性增加),冬季缓慢降低,春季叶绿素浓度先降后升高,3 月到 4 月叶绿素浓度骤增,达到最高值 63.94 μg/L,之后开始降低。全湖表、底层叶绿素浓度没有显著的差异,其变化趋势也大致相同,只有 5、6、7、8、9 月份,表层的叶绿素浓度比底层的高,差值最大出现在 6 月,其值为 8.9μg/L(见图 2-17)。

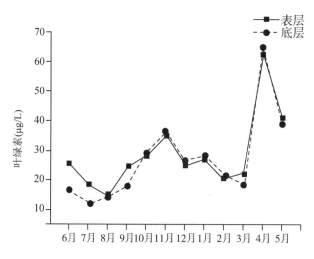

图 2-17　长荡湖叶绿素表、底层的逐月变化

(11) 藻蓝素

藻蓝素(又称蓝藻色素、螺旋藻蓝色素、螺旋藻蛋白质色素),成分是藻青素(phycocyanin),属于蛋白质结合色素,藻蓝素在蓝藻、红藻及隐藻中普遍存在。单聚体由一条 α 肽链及一条 β 肽链所组成,分子量约为 3 万,每一肽链各与一分子的藻蓝素结合。三聚体的吸收光谱在 650 nm 有明显的吸收峰,在 620 nm 有副吸收峰,在近紫外部分的 360 nm 及 306 nm 有吸收带,在 278 nm 有蛋白吸收峰。蓝藻及红藻都一样。藻蓝素在藻胆蛋白体的类囊体侧配位结合,有将藻红蛋白及藻蓝蛋白的激发能传递给类囊体的叶绿素 a 的作用。

长荡湖的藻蓝素平均浓度为 6 438.9 cell/L,春、夏季浓度高,最高值出现在 4 月份,为 13 163.5 cell/L,秋、冬季浓度低,最低值为 2 337.3 cell/L,出现在 12 月份(见图 2-18)。在春、夏季,藻蓝素表层浓度比底层的稍大,但差异不明显,最大值出现在 7 月份,差值为 7 004.8 cell/L;秋、冬季表层浓度比底层稍低(见图 2-18)。

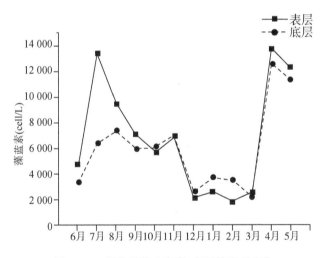

图 2-18 长荡湖藻蓝素表、底层的逐月变化

2.2.2.2 长荡湖生物

(1) 高等水生植物

大型水生植物主要分布在长荡湖东部沿岸带、百干河河口与团结河河口沿线长约 2.5 km、宽约 2.0 km 的水域和东山河河口与白石港河口沿岸带长

约 6.0 km、宽约 1.0 km 的水域。其中,百干河河口敞水区,大型水生植物覆盖度较高,沿岸带有芦苇和少量茭草分布,湖中浅埂上茭草发育较好;芦苇群丛和茭草群丛外延是苔菜群丛(伴生种有菱角、黑藻、水鳖[①])和菱角群丛(伴生种有苔菜、金鱼藻、黑藻、水鳖),覆盖度为 75%。中心水域少有大型水生植物分布。围网间航道内水生植物种类相对较高,主要有苔菜群丛(伴生种有菱角、黑藻、水鳖)和黑藻群丛(伴生种有大茨藻、小茨藻、金鱼藻),覆盖度为 70%。

2011 年 8 月的调查没有估算挺水植物群落的面积,浮叶植物群落覆盖的总面积达到 7.11 km²,而沉水植物达到 6.89 km²。浮叶植物覆盖面积高于沉水植物。

2011 年 8 月的调查没有测定挺水植物的生物量。依据采样结果,长荡湖水生植被发育比较好,沉水植物群落生物量为 2.25 kg/m²,浮叶植物群落生物量为 1.88 kg/m²。全湖大型水生植物总现存量约 2.88×10⁷ kg。

2012 年 5 月的调查也没有估算挺水植物群落的面积,浮叶植物群落覆盖的总面积达到 11.5 km²,沉水植物达到 6.89 km²。浮叶植物覆盖面积高于沉水植物。

全湖大型水生高等植物总现存量约 3.88×10⁷ kg。

本次调查与 1984 年的调查结果相比,大型水生植物的种类、分布面积和生物量均出现显著降低(表 2-4)。昔日水草丛生、清澈见底的长荡湖,现今变得水色混浊,透明度仅 10～20 cm 左右。

表 2-4　长荡湖大型水生高等植物群落波动

指标	年份	
	1983—1984 年	2012 年
物种种类(种)	25	20
分布面积(km²)	71.34	18.39
生物量(kg)	37.51×10⁷	3.88×10⁷

(2) 浮游植物

长荡湖中浮游植物共有 70 属 111 种,其中绿藻门的种类最多,有 33 属 57 种,其次是硅藻门,有 17 属 25 种、蓝藻门 12 属 14 种、裸藻门 4 属 10 种、隐

---

① 水鳖:水鳖科、水鳖属浮水草本植物。

藻门 2 属 3 种,甲藻门 2 属 2 种。

如果以浮游植物的丰度作为标准,一般将浮游植物丰度大于$(1\sim10)\times$ 10^6 cells/L 的水体划分为富营养水体,低于 3×10^5 cells/L 的水体划分为贫营养水体,在本次的调查中,该水体所有采样点浮游植物丰度达到了富营养的标准。从藻类的种类组成来判断,一些污染水体的指示种如衣藻、小球藻、栅藻、小环藻、直链藻、针杆藻、微囊藻和裸藻被认为是富营养或高有机质水体的指示种,而这些藻类正是该调查水体的优势种,在各站点普遍具有较高的丰度,这些占据优势的指示种表明该水体处于富营养化状态。计算浮游藻类的多样性指数可知年平均值在 2.8~3.3 之间,多样性指数总体处于较高的水平,从多样性指数可以判断该水体属于中度污染到轻度污染水体。从浮游植物的均匀度来看,各样点的年平均值均在 0.5 以上,指示该水体为轻度污染。综合上述各项指标,长荡湖是一个蓝藻和绿藻占优势的富营养型湖泊,但浮游植物物种多样性较高。

(3)浮游动物

长荡湖中的浮游动物的数量是比较丰富的,调查显示周年的浮游动物的总数量年平均为 2 285.5 cells/L。其中原生动物为 619.2 cells/L,占浮游动物总数量年平均的 27.1%;轮虫为 1 614.2 cells/L,占 70.6%;枝角类为 27.1 cells/L,占 1.2%;桡足类为 25.1 cells/L,占 1.1%。数据反映,长荡湖浮游动物的总数量首先是由轮虫数量多寡决定的,其次是原生动物的数量。

枝角类和桡足类合称浮游甲壳类,数量较少,占总数量的 2.3%。原生动物周年数量中,数量最多的是 6 月份,为 1 050 cells/L,最少的是 4 月份,为 360 cells/L,月平均数量超过年平均数量的有 6 个月,主要集中在秋冬季节。

轮虫周年数量中,数量最多的是 6 月份,为 3 480 cells/L,最少的为 3 月份,为 710 cells/L,月平均数量超过年平均数量的也有 6 个月,主要集中在夏秋季节。枝角类周年数量的变化呈"L"型,数量最多的是 7 月份,为 170.5 cells/L,之后其数量急剧下降,由 13.8 cells/L,变为 1 cells/L 或更少,到 2 月份降为 0 cells/L。月平均数量超过年平均数量的仅 6、7 两月,主要集中在春末夏季(详见图 2.19—图 2.20)。

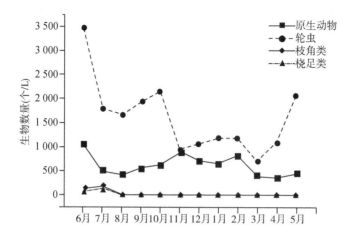

图 2-19　长荡湖浮游动物各种类的数目的逐月变化图

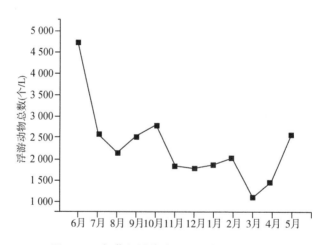

图 2-20　长荡湖浮游动物总数的逐月变化图

长荡湖浮游动物的生物量是比较高的,数据显示,长荡湖浮游动物的总生物量年平均值为 4.620 2 mg/L,高于太湖等浅水湖泊。其中原生动物的生物量为 0.031 0 mg/L,占浮游动物的总生物量的 0.7%;轮虫的生物量为 2.851 mg/L,占 61.7%;枝角类的生物量为 1.339 0 mg/L,占 29.0%;桡足类的生物量为 0.400 3 mg/L,占 8.7%。

（4）底栖动物

底栖无脊椎动物个体较大,寿命较长,活动范围小,对环境条件改变反应灵敏,能够准确反映水质质量状况,是监测污染、评价水质的理想的指示生物。通过对底栖无脊椎动物群落结构调查研究，可以客观地分析和评价湖泊营养状况。采用以下几种生物指数试评价长荡湖营养及污染状况。

Wright 指数，从寡毛类的密度来评价水体水质，认为密度低于 100 ind./m² 时无污染；100～999 ind./m² 时为轻污染；1 000～5 000 ind./m² 时为中度污染；而在 5 000 ind./m² 以上时为严重污染。

$$Goodnight \text{ 指数} = \frac{\text{颤蚓类个体数}}{\text{底栖动物总数}} \tag{2-1}$$

$$BPI \text{ 生物学指数} = \frac{\log(N_1+2)}{\log(N_2+2)+\log(N_3+2)} \tag{2-2}$$

式中：N_1——寡毛类、蛭类和摇蚊幼虫个体数；N_2——多毛类、甲壳类、除摇蚊幼虫以外其他的水生昆虫个体数；N_3——软体动物个体数。

$$Shannon\text{-}Wiener \text{ 指数} = \sum_{i=1}^{n} \frac{n_i}{N} \times \ln\frac{n_i}{N} \tag{2-3}$$

式中：n_i——第 i 个种的个体数目，N——群落中所有种的个体总数。

表 2-5 各种生物指数评价标准

Goodnight 指数	BPI 生物学指数	Shannon-Wiener 指数（bit）
小于 0.6 为轻污染 [0.6,0.8] 为中污染 (0.8—1.0) 为重污染	小于 0.1 为清洁 [0.1,0.5) 为轻污染 [0.5,1.5) 为β—中污染 [1.5,5.0] 为α—中污染 大于 5.0 为重污染	[0,1.0) 为重污染 [1.0,3.0) 为中污染 大于 3.0 为轻度污染至无污染

利用一周年的底栖动物监测数据，计算各站点四种生物学指数得分（图2-21）结果显示，寡毛类平均密度在全部点位均高于 100 ind./m²，并在 7♯和 8♯ 两个监测点高于 800 ind./m²。整个调查过程中发现的最高值为 5 460 ind./m²，超过 5 000 ind./m²，出现在 2011 年 6 月份 8♯监测点。寡毛类数量在 10 号点最低，年平均密度为 170 ind./m²，调查时也发现该点水质最好，透明度最高，水生植被较为丰富。从寡毛类数量判断各监测点水质处于轻污染状态。Goodnight 指数在所有 10 个监测点中得分介于 0.42～0.85，其中 1♯、2♯、3♯和 10♯监测点得分低于 0.6，处于轻污染状态，4♯至 9♯监测点得分高于 0.6，但低于 1.0，处于中至重污染。BPI 生物学指数介于 0.66～

2.44,最低值出现在10♯监测点,最高值在8♯监测点。与 Goodnight 指数判定的结果相似,1♯、2♯、5♯和10♯号监测点得分介于0.5～1.5,处于β—中污染状态,3♯、4♯及6♯—9♯监测点得分高于1.5,处于α—中污染。所有监测点 Shannon-Wiener 指数均介于1.0至2.0之间,处于中污染状态,Shannon-Wiener 在1♯、2♯和10♯点得分较高,其余点位得分较低。可以发现,四种指数评价结果具有很好的一致性,说明评价结果可靠。综合四种指数的评价标准,通过底栖动物群落指数判断长荡湖现阶段水质处于轻污染至中污染水平,属于富营养化过程的中期。结合四种生物指数的评价结果,同太湖流域的涡湖和太湖梅梁湾比较(见表2-6),结果表明长荡湖水质相对较好,但部分区域有向重污染状态演变的趋势。需要注意的是,结合底栖动物种类组成和多样性分析结果,较多耐污能力较强的种类在长荡湖优势度较高,如霍甫水丝蚓、摇蚊科幼虫是底栖动物的优势种,说明长荡湖水环境目前正处于一个关键阶段,作为重要的水产养殖基地和水源地,水环境的保护及管理工作不容懈怠。

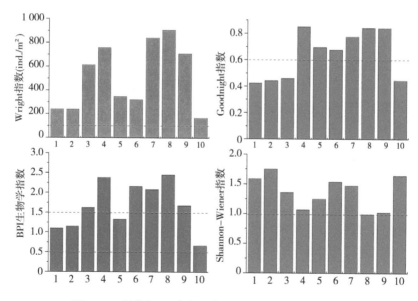

图 2-21　长荡湖 10 个监测点底栖动物水质生物学评价

表 2-6　四种生物学指数在长荡湖、滆湖及太湖梅梁湾间的对比分析

生物学指数	长荡湖	滆湖	太湖梅梁湾
Wright 指数（ind./m^2）	515(170~908)	301(112~512)	4 617(2 310~7 140)
Goodnight 指数	0.64(0.42~0.85)	0.44(0.16~0.86)	0.81(0.70~0.99)
BPI 生物学指数	1.66(0.66~2.44)	4.74(3.91~5.18)	1.25(0.68~3.34)
Shannon-Wiener 指数	1.37(0.99~1.75)	1.03(0.71~1.31)	1.01(0.36~1.41)

（5）长荡湖鱼类

20 世纪 80 年代长荡湖有鱼类 60 多种,目前的调查显示现有鱼类数量如同太湖一样大幅下降,约在 40 种左右。鱼产量也大幅下降,专业捕捞渔民数量持续下降,湖中现有鱼簖约 40 多个,以平均每簖年产万斤算,渔获物仅 50.60 万斤,捕捞渔船数量较少,捕捞量也远不如前,可忽略不计。由于原有湖区渔业管理经营方式的改变,捕捞渔民随捕随售,因此渔获统计渠道不畅,故精确的渔获量缺乏,不过由捕捞人数和鱼苗投放量可看出,长荡湖原产 200 万斤的渔获量和捕捞种类繁多的辉煌已不再。

长江中下游的中型湖泊一般单产在 20 个左右,20 世纪 80 年代时期长荡湖总渔获量 200 万斤,平均每亩约 18.8 斤,基本符合长江中下游一般湖泊渔业的规律。长荡湖主要天然捕捞种类有鲤、鲫、乌鳢、黄颡、塘鳢鱼、鳜鱼、红鲌等,目前长荡湖的渔业以网簖、小型捕捞渔船作业为主,捕捞的鱼类仍为上述鱼类,同时有少量四大家鱼(青、草、鲢、鳙)可捕,另外网围养蟹时也套养很少量的四大家鱼。

长荡湖经过 2009 年下半年至 2010 年的调整,现有网围养蟹面积约 3.4 万亩[①](约 22 km^2),每亩每年平均放养扣蟹 2 000 只,亩产约 90 斤,估计整个长荡湖养殖蟹的产量达 306 万斤,部分网围养蟹套养青、草、鲢和鳙等,渔民虽然获得良好的经济效益同时,大规模的养殖使长荡湖的水质都较差。据 2012 年 5 月采样的测定,总氮平均值为 2.12 mg/L,总磷为 0.134 mg/L,COD 5.410 mg/L,叶绿素平均值为 27.95 μg/L,属于 V 至劣 V 类水质。

2.2.2.3　水环境质量总体评价

（1）透明度大幅度下降

透明度是反映湖泊生态、水环境的一个综合指数。1983 年,长荡湖中水

---

① 1 亩约等于 666.7 m^2。

草密集，几乎覆盖整个湖区，繁茂的水草具有很强的消浪和降低沉积物悬浮的作用。那时的长荡湖透明清澈、湖面平静。2011年6月—2012年5月监测期间，长荡湖清澈见到底的地方很少，其透明度年平均值为37 cm，较临近的频繁爆发蓝藻水华的太湖透明度更低。造成透明度降低的因素很多，而长荡湖主要影响因素是水位偏低，20世纪80年代其水位基本维持在1.2～1.4 m，而现在除夏季3月为1.4 m外，其他季节甚至仅为60～70 cm。低水位对水生态系统的影响也很大，它使底泥容易受到频繁扰动，湖水透明度降低，频繁的扰动导致底泥营养盐扩散到水层中，大大提高了水中营养盐浓度，容易造成水体藻类的异常增殖。2011年6月份的1、4、9号点和8月份的3、5、6、8号点均能肉眼见到微囊藻水华，虽没有像太湖大面积爆发，但也必须引起高度重视，避免类似的蓝藻水华等生态灾害在长荡湖重演。因此，为了保持长荡湖生态系统健康，必须保证长荡湖的最低生态水位线(1.2～1.4 m)。长荡湖水生植物的大量消减，也是长荡湖透明度大幅降低的另外一个主要原因。水生植物具有消浪功能，其衰减或者消失使得湖底沉积物受风浪作用漂浮到水体中，增加水体的浊度，湖面经常是"黄浪"涛天，因此建议在湖区划定水生植物繁殖保护区，这也为长荡湖鱼类的繁殖保护提供良好的基地，可提高天然鱼类的多样性。

（2）水生高等植物急剧减少

水生植物具有提高水体生态系统生物多样性、为水生动物提供繁育场所、消浪并固定底质等作用。近30年来，水生植物种类数减少虽然不多，但在其生长区域的生物量急剧地下降。据2011年8月调查显示，长荡湖水生植物占地面积仅7.11 km²，其中沉水植物占6.89 km²，其生物量估算为2.88×10⁷ kg，1983年调查结果显示，当时同期的长荡湖水生植物的生物量是4.49×10⁷ kg，现有的生物量仅是当时的64%。另据2012年5月的调查显示，长荡湖占地面积为11.5 km²，其中沉水植物仍占6.89 km²，其生物量估算为3.88×10⁷ kg，与4.49×10⁷ kg相比较，也仅为其的86%。从生物量看，长荡湖的水生植物有一定程度的消减。水生植物的大幅减少，表明长荡湖已经由草型湖向藻型湖转化。由此引发浮游植物、浮游动物、底栖动物、鱼类等水生生物的生态结构与功能变化，如长荡湖中跟水生植物密切相关的萝卜螺、涵螺等底栖动物现在已很少了，水体的净化作用也大幅下降。

（3）网围养殖业对生态环境负面影响较大

20世纪80年代兴起的大水面养殖，在当时高蛋白质食物短缺的情况下确实起过一些积极作用。沿湖的农民、渔民为此做出过贡献并获得较好的经济效益。但随着大水面渔业的纵深发展，网围养殖的负面效应也日益显露。1989年受市场调节影响，网围养殖受到重创，相当一部分的养殖户都遭遇亏损。进入20世纪90年代以后，网围养蟹的兴起，使网围养殖业东山再起，并且规模越来越大。网围养殖的负面效应更重要地体现在对水环境、水资源的污染方面，它会造成水质性缺水，不少地方政府为此付出了很大的代价。将水面分割成一块一块的网围养殖地，把湖泊变成水上养殖域，除航道外，均投入大量的鱼或蟹。由于底栖鱼类和蟹类都具有对底质的机械搬动和粉碎作用，再加上网围养殖中饲料的过度投放、网围中的原有水生植物被摄食与破坏，还有蟹类生长须经数次脱壳，每次脱壳都须投放很多水生植物以满足其脱壳生理需要，过量的饵料、水生植物以及鱼、蟹等排泄物沉降在网围内，腐烂分解，又与沉积物相互作用，成为内污染源。网围养殖将整个水面分隔成小的空间限制了原来大水面的相互作用、相互交流的整体生态效应。因养殖者各人的想法、物质条件等不同，这些被分隔的小水体的污染程度也各不相同。各养殖池，甚至连各养殖区的溶解氧的差异都很大，大大超过了水体的自净能力，污染逐年加剧。

（4）长荡湖属于轻—中富营养水平

以浮游植物的丰度作为标准，一般将浮游植物丰度大于$1 \times 10^6 \sim 10 \times 10^6$ cells/L的水体划分为富营养，低于3×10^5 cells/L的水体划分为贫营养水体，本年度的监测表明长荡湖10个采样均处于富营养的水平。一些污染水体的指示种如衣藻、小球藻、栅藻、小环藻、直链藻、针杆藻、微囊藻和裸藻被认为是富营养或高有机质水体的指示种，均在各站点属于优势种类，表明该水体处于富营养化状态。

浮游藻类的多样性指数（年平均值在2.8～3.3之间）和均匀度（＞0.5）计算结果，指示该水体为轻度污染，表明长荡湖属于富营养化早期阶段。另外从底栖动物指示的环境意义来看，通过寡毛类数量判断各监测点水质处于轻污染状态，而Goodnight指数、BPI生物学指数和Shannon-Wiener指数均显示湖泊处于轻度至中度污染状态，四种指数评价结果具有很好的一致性，说明评价结果可靠。

　　综合浮游植物和底栖动物的评价标准,判断长荡湖现阶段水质处于轻污染—中污染水平,属于富营养化过程的早—中期。同太湖流域的渭湖和太湖梅梁湾相比,长荡湖水质相对较好,但部分区域有向重污染状态演变的趋势。需要注意的是,较多耐污能力强的种类在长荡湖中优势度较高,如霍甫水丝蚓、摇蚊科幼虫、微囊藻、衣藻、裸藻等,尤其是局部湖区在夏季已经开始出现少量蓝藻水华的现象,表明目前该湖水环境正处于一个关键转变阶段,作为重要的水产养殖基地和水源地,其环境的保护及管理工作需要加强。

第二章

生态过滤系统的建立

3.1 生态过滤系统的确定

设计初始阶段,运用 Mike11 AD 水质模型,通过改变河段长度值,对水质进行模拟,以初步确定合理的生态过滤系统的设计长度。

3.1.1 Mike11 AD 水质模型

Mike11 AD 可对水体中的可溶性物质和悬浮性物质对流扩散过程进行模拟,根据 HD 模块产生的水动力条件,应用对流扩散方程进行计算[89]。一维河流水质模型的基本方程为:

$$\frac{\partial C}{\partial t} + \frac{u\partial C}{\partial X} = \frac{\partial}{\partial X}\left[\frac{E_x\partial C}{\partial X}\right] - KC \tag{3-1}$$

式中:C 为模拟物质的浓度;u 为河流平均流速;E_x 为对流扩散系数;K 为模拟物质的一级衰减系数[90]。

对流扩散系数是一个综合参数项,可通过经验公式估算[89]:

$$E_x = \alpha V^b \tag{3-2}$$

式中:V 为流速,来自水动力计算结果;a、b 均为用户设定的参数。

3.1.2 模型的建立

Mike11 AD 的运行基于水动力模型 Mike11 HD,需要建立的文件包括河网文件、断面数据、边界条件文件、时间序列文件(包括污染物质、流量、水位等)、模型参数文件等,文件的建立在此不再一一说明。

按照 Mike11 模型的具体要求,本设计方案主要通过改变河网文件中河流的长度,即模拟生态过滤系统的长度的变化,来模拟 COD 以及氨氮在生态过滤系统中的变化过程,以此确定生态过滤系统的设计长度,结合实验的要求以及经费预算,初步拟定南河生态过滤系统的设计长度为 100 m、200 m 以及 300 m(表 3-1);东风河生态过滤系统的设计长度为 100 m、150 m 以及 200 m(表 3-2)。模型参数的选择,主要参考了科研团队前期研究成果及相关参考文献,结合本次设计的预期目标,确定 COD 的降解系数为 0.08～0.2(1/d),

NH$_3$-N 的降解系数为 0.05—0.1(1/d)[91]。

表 3-1 南河生态过滤系统长度设计方案

方案	具体说明
方案 1	生态过滤系统设计长度为 100 m
方案 2	生态过滤系统设计长度为 200 m
方案 3	生态过系统系统设计长度为 300 m

表 3-2 东风河生态过滤系统长度设计方案

方案	具体说明
方案 4	生态过滤系统设计长度为 100 m
方案 5	生态过滤系统设计长度为 150 m
方案 6	生态过系统系统设计长度为 250 m

3.1.3 模型计算结果分析

根据上述的设计方案,利用 Mike11 AD 水质计算模型,分别以南河水位、流量等水文特征及 2015 年 4 月 4 日至 4 月 13 日这 10 天的东风河水位、流量水文条件,COD 以及 NH$_3$-N 等水质条件为输入条件,分别模拟计算了平原河网生态过滤系统和长荡湖生态过滤系统设长度设计方案下,对水质指标 COD 以及 NH$_3$-N 的影响。

6 个模拟方案都能够不同程度地对 COD 和 NH$_3$-N 进行降解,就 COD 而言,方案 1、2、3、4、5、6 分别可以降解 8.77%、13.22%、14.86%、8.77%、13.22%、14.86%,就 NH$_3$-N 而言,方案 1、2、3、4、5、6 分别可以降解 17.60%、21.95%、23.33%、17.60%、21.95% 以及 23.33%。对比 COD 去除 10% 以及 NH$_3$-N 去除 20% 的预定目标,方案 2、5 和方案 3、6 都能够实现,结合经费预算,故选择方案 2、方案 5 作为最终的施工方案。

3.2 生态过滤系统的建立

南河平原河网生态过滤系统包含砾石生态过滤区、水生植物生态恢复区及淤泥生态袋恢复区,具体设计如图 3-1 至图 3-3 所示。

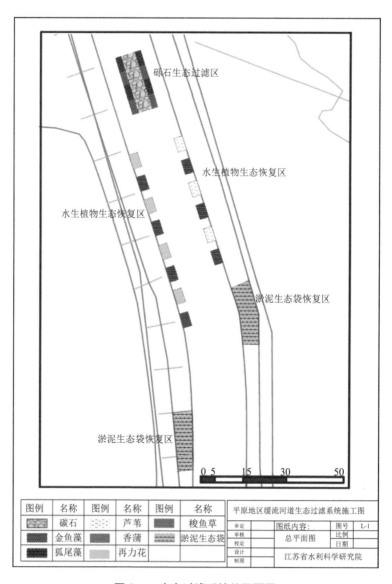

图 3-1　生态过滤系统总平面图

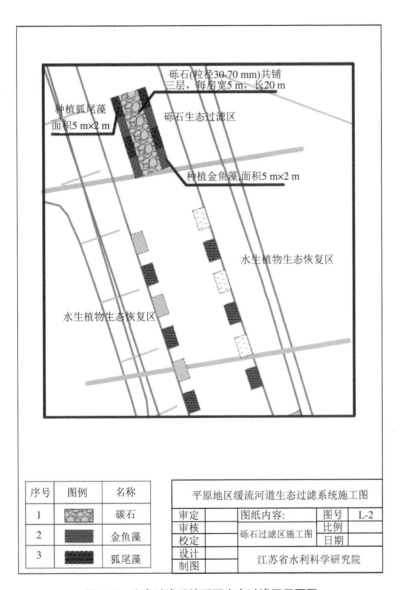

序号	图例	名称
1		碳石
2		金鱼藻
3		狐尾藻

平原地区缓流河道生态过滤系统施工图		
审定	图纸内容：	图号　L-2
审核	砾石过滤区施工图	比例
校定		日期
设计	江苏省水利科学研究院	
制图		

图中标注：
- 砾石(粒径30-70 mm)共铺三层，每房宽5 m，长20 m
- 砾石生态过滤区
- 种植狐尾藻 面积5 m×2 m
- 种植金鱼藻 面积5 m×2 m
- 水生植物生态恢复区
- 水生植物生态恢复区

图 3-2　生态过滤系统砾石生态过滤区平面图

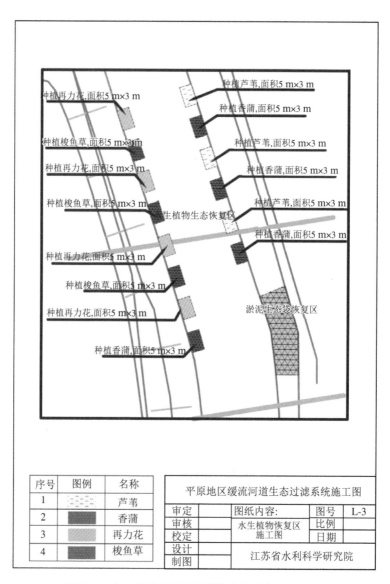

图 3-3　生态过滤系统水生植物生态恢复区平面图

东风河生态过滤系统的具体设计如图 3-4 所示。

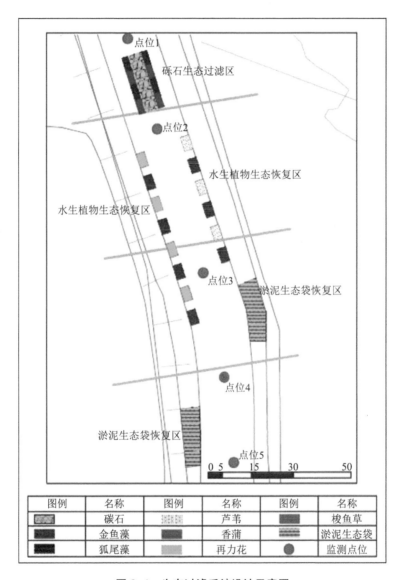

图 3-4 生态过滤系统设计示意图

3.2.1　生态过滤系统植物配置及施工

（1）砾石生态过滤系统

①采用粒径 30～70 mm 的砾石，平铺于河道中心位置，平铺面积宽 5 m、长 20 m，共计铺设 3 层。

②砾石区域的两侧交替种植沉水植物金鱼藻以及狐尾藻，每块种植面积为 5 m×2 m，共计种植 8 块。

（2）水生植物布设

①在砾石过滤区的下游，以块状交替种植芦苇、香蒲、再力花以及梭鱼草，每块种植面积为 5 m×3 m。块间间隔约 3 m。

种植密度（每 m²）：芦苇，20 芽，2 芽/兜；香蒲，12 单株；再力花，30 芽，3 芽/丛；梭鱼草，16 芽，2 芽/兜。

②在每块的岸边边角处种植一丛（共 8 株）黄花鸢尾，作为景观点缀。

（3）淤泥生态袋布设

淤泥生态袋布设于水生植物区的下游，在河道左右岸布设淤泥生态袋恢复区。左右岸均以块状布设，每块面积 7 m×20 m。

3.2.2　生态袋施工具体说明

3.2.2.1　施工前准备

①护坡工程必须按照批准的工程设计有关文件施工。施工人员应掌握设计意图，进行工程准备。

②施工前，设计单位应向施工单位进行设计交底，施工人员应按设计图进行现场核对。要确定实际可行性。

③准备施工相应的安全保护、铁锹、卷尺、夯实机、手推车/独轮车、施工线、抬袋工具等。可根据实际需要配备相应的机械。

④设计施工方案中充分考虑其影响和危害，并制定相应的切实可行的预防措施，保证工程安全。

3.2.2.2　材料储存

①生态袋护坡系统材料、扎带、连接扣、手提封口机及绿化材料应储存在

干燥阴凉处,避免阳光直射。施工现场的材料应尽量放置在不被污染和其他机械不会通行的地方,防止被压轧损坏。

②雨雪天气下,应对用于施工现场的已经装填种植土却未安装的生态袋集中放置,并用遮盖物遮盖,以免被淋湿或浸泡,影响后期施工。

3.2.2.3　生态袋填装要求

①生态袋要把淤泥混合土装填到离袋口大约8～15cm处(根据袋体大小而定),并在装填过程中人工撴实,首先底部的2个角应填土及碎石,填至饱满,达到生态袋装填后的设计要求,以节约生态袋用量,并确保后期施工质量及效果。

②生态袋底部装填碎石,要把碎石平铺在袋底,大约2～5cm高,保证放置在基础上的生态袋表面平整,从而有利于整体结构的稳定。

3.2.2.4　生态袋封口要求

生态袋的封装有两种基本形式:手提缝纫机封口和绑扎封口。采用绑扎封口,须使用专用的扎扣,应集中袋口后绑扎并尽力拉紧扎带扣,扎带封口处应距袋口7～10 cm。

3.2.2.5　生态环境工程系统基础处理要求

施工前先将工程基础范围内的树根、草皮、腐殖土及淤泥等全部挖除,要对开挖的基槽(坑)底进行整平夯实。在安装生态袋前,应对基础底面的地基土(岩)进行承载力检测,当达不到设计值时,可采用换填法(碎石土)进行处理,直到达到设计值,才可进行安装施工。

3.2.2.6　生态袋安装要求及安装图

(1)生态袋内填装物要求

基础层装入碎石(2～5 cm),考虑排水作用,在没有特殊要求的情况下,应在袋内填装适合植物生长的种植土。生态袋内装填的砂土、中粗砂:黏土应为5:3:2。生态袋现场装填时,掺和营养土以利植物生长,营养土加入量为4～5 kg/m³。

（2）系统安装要求

在安装前应根据施工图纸制作坡度控制木架,并拉线控制分段阶梯内的坡度及坡角线,要求坡度、坡角线一致、木架结实稳定,根据施工长度及后边坡形状确定布置数量,在施工过程中应实时控制高程,以保证坡面整齐划一。

当清除基底表面浮土并适度地对基底进行整平之后,将填满碎石的生态袋沿垂直于坡面方向放在基底(根据情况可以外高内低),基础层以上部分安装过程应沿平行于坡面方向码放并满足以下要求:

①码放时生态袋间留出 3～5 cm 空隙,以保证压实后的生态袋袋尾与袋头相接,但不产生搭接;并应保证码放后的生态袋外侧平顺、圆滑。

②每层码放后的生态袋,要进行人工夯实并控制填充后的生态袋厚度在 14～15 cm 或 15～19 cm 范围内。考虑美观因素,外侧要拍成一个平面。

（3）生态袋的码放

①放置底部层生态袋,放置一个平安标准连接扣以使它均匀横跨两个生态袋,如图 3-5 所示。

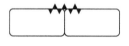

图 3-5　放置底部层生态袋

②放置生态袋的第二层,如图 3-6 所示。

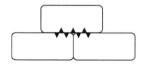

图 3-6　放置生态袋第二层

③用同样的方式构建整个墙体,如图 3-7 所示。

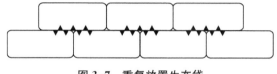

图 3-7　重复放置生态袋

沿着生态袋踩踏,或者夯实生态袋的顶部,有助于确保生态袋之间互锁扣牢。

3.2.2.7 后边坡与生态袋之间回填土的要求

①回填土的选择:回填土一般应采用基槽中挖出的土,但不得含有有机杂质。若有机杂质含量过多,使用前应过筛,其粒径应不大于 50 mm,含水率应符合规定(一般为 16% 左右)。

②一般靠近生态袋部分采用人工夯实的方法(一般采用木夯),每层夯实厚度不大于 20 cm,夯实度应达到 85%。如果后侧回填土较宽,距离生态袋 30 cm 以外的部分可以采用机械夯实,单层夯实厚度应不大于 30 cm,夯实度应达到 94%。

第四章

材料及方法

4.1 主要仪器与材料

4.1.1 主要仪器

有机玻璃采水器:用于采集各取样点水样、浮游植物以及浮游动物样品。

浮游生物网:用于过滤水样,采集浮游动物。

500 mL 聚乙烯瓶:用于储存水样、浮游植物样品。

冰箱:短期用于储存水样。

YSI 多参数水质检测仪(型号 EXO2):用于测定水体中溶解氧、电导率、浊度等。

紫外可见分光光度计(型号 T6 新世纪):用于测定水样中氨氮、总磷、总氮。

4.1.2 材料

4.1.2.1 采样内容

依据本研究的目的,基于采样条件以及实验条件,确定了以下几个采样指标:河水的主要物理特性;河水的氨氮、总氮、总磷以及高锰酸盐指数等几个水质指标;浮游植物种类、生物量以及时空分布;浮游动物种类、生物量以及时空分布等。

4.1.2.2 采样点布设

只有科学合理地在试验区域内布设采样点位,才能使获得的数据能够客观地反映河流的水质情况以及水生态环境现状,为此采样点位的布设原则如下:

全面覆盖原则,即采样点位应该分布到整个试验区;

重点突出原则,即主要的出入湖河口、养殖区、水源保护区等均应设置采样点;

经济性原则,应从实际出发,结合河流湖泊的地形等情况,确定合理的采样点位置,做到既能够满足采样的需要,又经济、可操作。

对于浮游生物,野外采样时根据水体深浅而定,如水深在 2 m 以内、水团混合良好的水体,可只采表层水体,水深更大的水体区域,应分别取表层、中层和底层水样。

本次南河试验研究共设置了 2 个采样点,分别在生态过滤系统上游及下游各设置 1 采样点,以反映试验区域的水质以及水生态环境变化情况(图 4-1),采样频率为 15 d 一次。

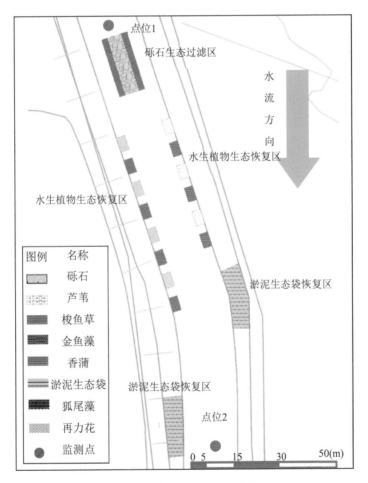

图 4-1 南河采样点位示意图

本次试验研究共设置了 5 个采样点,基本覆盖了实验的区域,能够准确地反映实验区域的水质以及水生态环境情况(图 4-2)。采样点概况见表 4-1。除遇特殊情况,采样频率为每周一次。从 6 月初到 9 月初,共采样 13 次。

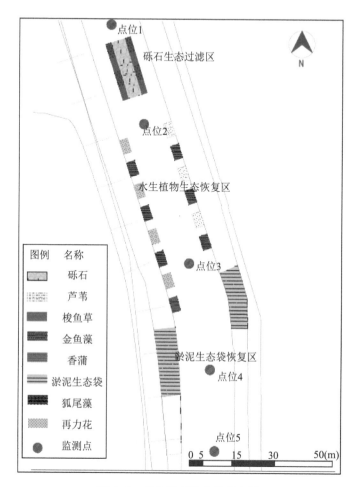

图 4-2 长荡湖采样点位示意图

表 4-1 采样点概况

采样点号	概况
点位 1	生态过滤系统进水断面
点位 2	砾石生态过滤区结束断面
点位 3	水生植物生态恢复区结束断面
点位 4	淤泥生态袋恢复区结束断面
点位 5	生态过滤系统结束断面

4.2　样品的采集方法及样品保存

水质氨氮、COD_{Mn}、总磷、总氮的采集实验，浮游动物、浮游植物的采集。

4.2.1　水质水样的采集

水质水样的采集通过聚乙烯塑料瓶进行，采样深度约为 0.5 m，约采集 500 mL 水样，水样中需加入 1:1 的硫酸固定。采样前采样瓶进行如下处理：先用稀酸洗液浸泡 24 h，自来水冲洗后再用去离子水洗净，自然风干后备用。带回实验室后，放入冰箱中，在 5℃ 下冷藏保存。

4.2.2　浮游植物的采集

定性样品的采集：使用 25 号（孔径 0.064 mm）浮游生物网在水体表面（深度 0~0.5 m）做"∞"形缓慢捞取，将滤液放入标本瓶，加入 5% 的福尔马林溶液固定、保存。

定量样品的采集：采集表层 500 mL 河水装瓶，立即用鲁哥试剂加以固定，即杀死水样中的浮游植物和其他生物。固定剂量为水样的 1%，即往水样中加入 5 mL，使水样呈现棕黄色即可。鲁哥试剂的配制方法为：将 6 g 碘化钾溶于 20 mL 蒸馏水中，加入 4 g 碘溶解后，定容至 100 mL，置于密闭的棕色试剂瓶中避光保存[89]。

4.2.3　浮游动物的采集

定性样品的采集：采集原生动物、轮虫及甲壳类无节幼体用 25 号浮游生物网，枝角类和桡足类用 13 号浮游生物网，在水体表面（深度 0~0.5 m）做"∞"形缓慢捞取，将滤液放入标本瓶，加入 5% 的福尔马林溶液固定、保存。

定量样品的采集：采集表层 500 mL 河水，采集原生动物、轮虫及甲壳类无节幼体用 25 号浮游生物网，1~5 L 水样浓缩至 50 mL。采集枝角类和桡足类用 13 号浮游生物网过滤 10 L 水样，浓缩至 50 mL，加入 5% 的福尔马林溶液固定、保存[90]。

4.3 分析方法

4.3.1 水质氨氮、COD_{Mn}、总磷、总氮的测定

4.3.1.1 纳氏试剂比色法测定氨氮

准确吸取待测样品 10 mL 于 25 mL 比色管中,加入 10% 酒石酸钾钠溶液 1 mL,混合均匀后加入纳氏试剂 1.5 mL 摇匀,静置 10 min,在 410 nm 处测定吸光度值,根据工作曲线计算溶液浓度。

4.3.1.2 高锰酸钾法测 COD_{Mn}

吸取 100 mL 经充分摇动、混合均匀的样品(或分取适量,用水稀释至 100 mL),置于 250 mL 锥形瓶中,加入 5±0.05 mL 1+3 硫酸,用滴定管加入 10 mL 高锰酸钾溶液,摇匀。将锥形瓶置于沸水浴内 30±2 min(水浴沸腾,开始计时)。

取出后用滴定管加入 10 mL 草酸钠溶液至溶液变为无色。趁热用高锰酸钾溶液滴定至刚出现粉红色,并保持 30 s 不退。记录消耗的高锰酸钾溶液体积,并做空白试验,即可计算水样的 COD_{Mn}。

4.3.1.3 过硫酸钾消解紫外分光光度法测总磷

准确吸取待测样品 10 mL 于 50 mL 比色管中,加入 5% 过硫酸钾 4 mL,加塞并用纱布扎紧瓶塞放入压力锅中,在压力为 $1.1 \sim 1.4 \ kg/cm^2$、温度为 $120 \sim 124 ℃$ 环境下消解 30 min。冷却后拿出,加入抗坏血酸 1 mL,2 s 后加入钼酸盐 2 mL 摇匀,蒸馏水定容。在室温高于 15 ℃ 的条件下放置 30 min 后,在分光光度计上用波长 700 nm 比色,以空白试验溶液为参比调零点,根据工作曲线计算溶液浓度。

4.3.1.4 碱性过硫酸钾消解紫外分光光度法测总氮

准确吸取待测样品 10 mL 于 25 mL 比色管中,加入碱性过硫酸钾 5 mL,加塞并用纱布扎紧瓶塞放入压力锅中,在压力为 $1.1 \sim 1.4 \ kg/cm^2$、温度为

120～124℃环境下消解 30 min。冷却后拿出,加入 1 mL 的盐酸(体积比 10%)定容至 25 mL,在 220、275 nm 比色,根据工作曲线计算溶液浓度。

4.3.2 浮游植物的种类鉴定及计算

定性样品:将水样制成临时装片,在 10×40 倍光学显微镜下进行观察和鉴定,并对出现频率较高的种类进行显微镜下摄影[91]。

定量样品:室内条件下,将水样静置沉淀 48 h 后,浓缩至 30 mL,存放于样品瓶中。计数时,将样品充分摇匀后取 0.1 mL 浓缩水样于浮游生物计数框中,在 10×40 倍光学显微镜下进行鉴定并计数,每个样品计数 5 次。

每升水样中的藻类细胞个数按照如下公式计算[92]:

$$N = \frac{N_0}{N_1} \times \frac{V_1}{V_0} \times P_n \tag{4-1}$$

式中:N——每升水样中藻类植物的总数量;N_0——计数框的总格数;N_1——计数的方格数;V_0——计数框容量;V_1——浓缩后水样体积;P_n——计数的藻类植物总个数。

4.3.3 浮游动物的种类鉴定及计数

定性样品的鉴定方法同浮游植物。

小型浮游动物的计数,方法也同浮游植物。

枝角类和桡足类无节幼体的计数具体步骤是:先将采得的 50 mL 样品充分摇匀,然后用口部较宽的吸管吸取 5 mL,注入到浮游动物计数框中,每个样品重复计数 3 次取其平均值,然后用取得的平均值乘以稀释的倍数,所得的结果就是水体单位体积中浮游动物的数量。

每升浮游动物个数 N 可按下列公式进行计算[93]:

$$N = C \times \frac{V_1}{(V_2 \times V_3)} \tag{4-2}$$

式中:C——计数所得个体数;V_1——浓缩样毫升数;V_2——计数体积毫升数;V_3——采样量毫升数。

第五章

生态过滤系统效果研究

5.1 南河生态过滤系统效果研究

5.1.1 南河生态过滤系统建立前后形态变化

生态过滤系统建立以后,南河实验河段的形态发生了较大的改善。建设前,河道边杂草丛生,河流的水中漂浮物、塑料垃圾等比较多,河水散发着难闻的味道。生态过滤系统建立后,河道整齐划一,河水洁净透明,各种种植的植物生长茂盛,水流的形态在建立前后发生了较大的变化,得到了较好的提升,如图5-1、图5-2所示。

图5-1 平原地区缓流河道生态系统建设前

图 5-2　平原地区缓流河道生态系统建设后

5.1.2　水体物理性质

5.1.2.1　水温的变化

水体的温度对水体中的生物如浮游植物、浮游动物以及植物的生长具有直接或者间接的影响,故将采样期间的水体温度也记录下来,2 个采样点位的水体温度在同一采样时期的变化极小,故取 2 个点位的平均温度作为水体的整体温度,具体变化趋势见图 5-3,从图中可以看出,5 月至 8 月的水温呈缓慢

的上升趋势,在 8 月 16 日达到峰值 31.1℃,随后水温开始下降,9 月至 12 月
呈逐步下降趋势,10 月至 11 月下降得较快,水温经过连续下降,在最后一次
采样时降到最低的 9.8℃。

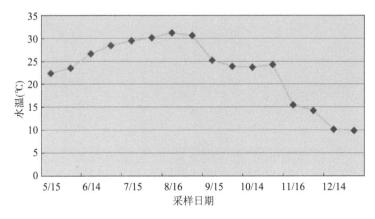

图 5-3　采样期间水温变化趋势

5.1.2.2　pH 的变化

采样期间水体 pH 的变化趋势如图 5-4 所示,可以看出,峰值为 8.57,谷
值为 7.21。采样期间的平均 pH 为 7.85。5 月初至 7 月初,总体呈上升趋势,
7 月至 8 月相对平稳,8 月至 10 月呈下降趋势,10 月后又有所上升,但 pH 整
体的变化不大,在 7.9 左右波动。

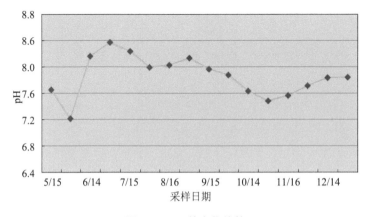

图 5-4　pH 的变化趋势

5.1.2.3　透明度的变化

采样期间水体透明度的变化趋势如图 5-5 所示，可以看出，透明度整体变化不大，在 35 cm 左右波动，透明度在 12 月份达到最大值，为 40 cm，最小值则出现在 8 月 16 日，为 30 cm。

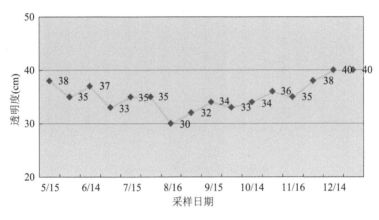

图 5-5　透明度的变化趋势

5.1.2.4　叶绿素 a 的变化

采样期间水体叶绿素 a 的变化趋势如图 5-6 所示，根据检测结果，叶绿素 a 从 5 月开始至 12 月，整体呈缓慢下降趋势，最高值出现在 5 月 30 日，达到 21.25 $\mu g/L$，最低值出现在 11 月 16 日，为 4.24 $\mu g/L$，在 11 月之后有轻微浮动，整体趋于稳定。

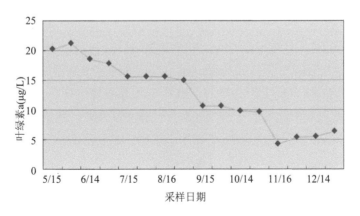

图 5-6　叶绿素 a 的变化趋势

5.1.3 水质的改善分析

5.1.3.1 氨氮变化分析

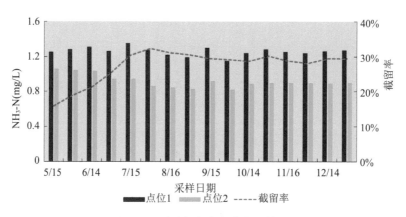

图 5-7 试验河段氨氮变化规律图

从图 5-7 中可以看出,试验河段生态过滤系统对氨氮有一定的截留,生态过滤系统建立之初,其截留率较低,为 15.82%;随着时间的推移,截至 7 月 30 日,截留率持续增加,达到了 32.21%,可以看出随着生态过滤系统的自我完善,它对氨氮的截留率也在逐渐增加。此后,在 8 月 16 日至 12 月 30 日之间,生态过滤系统对氨氮的截留率一直维持在一个较高的水平,其变化区间为 27.98%~31.02%,在 8 月 16 日达到峰值。故可以认为生态过滤系在此期间已经稳定成型,这一点也在从现场的观察中得到印证。从整个过程来看,氨氮的平均截留率为 27.34%,生态系统稳定后的氨氮平均截留率为 29.36%。

从生态过滤系统稳定后点位之间氨氮的变化规律可以看出,点位 1 跟点位 2 之间的变化较大,可以说明砾石生态过滤系统在整个系统中对氨氮的截留效果较为明显,可能是因为砾石形成的生物膜系统发挥了作用,砾石上生长的金鱼藻、狐尾藻也吸收了部分氨氮。试验河段的进水总体属于 3 类水质,经过河道生态过滤系统的过滤,出水水质达到 2 类水质要求。

5.1.3.2 总氮变化分析

从图 5-8 中可以看出,试验河段总氮的截留率变化规律与氨氮大致相

同。最小值为 14.67%,出现在生态过滤系统建立之初的 5 月 15 日,最大值
为 30.26%,出现在 9 月 15 日。从 5 月 15 日到 7 月 30 日,总氮的截留率是个
逐渐上升的过程,说明河道的生态过滤系统在持续地自我完善。7 月 30 日—
12 月 30 日,生态过滤系统的总氮截留率维持在较高的水平,在 26.98%~
30.26%之间波动,说明生态过滤系统已经趋于稳定,其间总氮的平均截留率
为 28.92%,高于整个过程的平均截留率 26.39%。截留率整体处于上升—波
动—稳定这样一个过程。

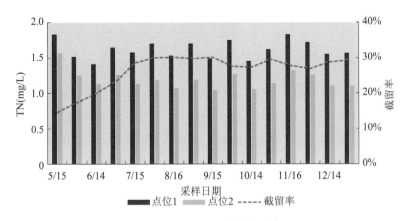

图 5-8 试验河段总氮变化规律图

从稳定后的生态过滤系统来看,点位 1 与点位 2 之间的变化相对较大,由
此可以看出,砾石生态系统与植物生态过滤系统在整个系统中发挥的作用较
大。就总氮而言,试验河段的进水水质为 4 类水质,个别采样时期为 3 类水
质,经过生态过滤系统过滤,出水水质全部达到了 3 类水质。

5.1.3.3 总磷变化分析

由图 5-9 可以看出,生态过滤系统对总磷的截留效果较好,截留率最小
值为 12.13%,最大值为 31.15%,截留率整体处于波动中上升最后趋于平稳
这样一个过程,总磷的平均截留率为 25.34%。5 月份,由于生态过滤系统处
于建成初期,故总磷的截留率仅仅依靠砾石等的截留作用,植物的吸收以及
微生物的作用较小,故其截留处于较低的水平。5 至 9 月中旬,总磷的截留率
在波动中增长,9 月至 12 月,总磷的截留率呈现出低幅度波动,总体趋于
平稳。

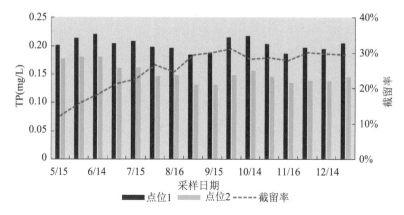

图 5-9 试验河段总磷的变化规律图

从生态系统稳定后的监测数据来看,点位 1 到点位 2 之间的总磷含量变化较大,进一步印证之前得出的结论,砾石生态过滤系统和植物过滤系统对水质的改善效果较好。说明该时期砾石形成了生物膜,植物生长旺盛,在水中形成了屏障,阻截、吸附了水中大量的不溶性磷污染物[10],植物的生长也吸收了部分磷元素。

5.1.3.4 高锰酸盐指数变化分析

由图 5-10 可以看出,高锰酸盐指数的截留波动幅度较大,最小值为 5.68%,出现在生态过滤系统建立之初;最大值为 19.86%,出现在 8 月 31 日。就整个采样周期而言,生态过滤系统的截留率依然呈现上升的趋势,整

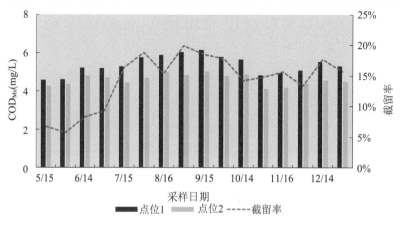

图 5-10 试验河段高锰酸盐指数变化规律

个采样期间高锰酸盐指数的平均截留率为 14.23%。生态过滤系统对 COD_{Mn} 的截留率较低主要是由于 COD_{Mn} 用以检测的有机物,不易被植物以及微生物直接吸收利用,其去除主要依靠砾石以及植物形成的生物膜的阻留。

在生态过滤系统稳定后,点位 1 与点位 2 之间的变化较大,说明砾石与植物生态系统对高锰酸盐的净化有一定的效果。

5.1.3.5 综合营养指数法评价水质富营养化程度

(1)综合营养指数法

根据中国环境监测总站制定的《湖泊(水库)富营养化评价方法及分级技术规定》,选取叶绿素 a(chla)、总磷(TP)、总氮(TN)、透明度(SD)、高锰酸盐指数(COD_{Mn})5 项参数[93]。综合营养指数的计算公式如下:

$$TLI(\sum) = \sum_{j=1}^{m} W_j \times TLI(j) \tag{5-1}$$

式中:$TLI(\sum)$ 表示综合营养状态指数;$TLI(j)$ 代表第 j 种参数的营养状态指数;W_j 为第 j 种参数的营养状态指数的相关权重。

以 chla 作为基准参数,则第 j 种参数的归一化的相关权重计算公式为:

$$W_j = \frac{r_{ij}^2}{\sum_{j=1}^{m} r_{ij}^2} \tag{5-2}$$

式中:r_{ij} 为第 j 种参数与基准参数 chla 的相关系数;m 为评价参数的个数。

营养状态指数计算公式:

$$TLI(\text{chla}) = 10 \times (2.5 + 1.086\ln\text{chla}) \tag{5-3}$$

$$TLI(\text{TP}) = 10 \times (9.436 + 1.624\ln\text{TP}) \tag{5-4}$$

$$TLI(\text{TN}) = 10 \times (5.453 + 1.694\ln\text{TN}) \tag{5-5}$$

$$TLI(\text{SD}) = 10 \times (5.118 - 1.94\ln\text{SD}) \tag{5-6}$$

$$TLI(COD_{Mn}) = 10 \times (0.109 + 2.661\ln\text{COD}) \tag{5-7}$$

$TLI < 30$ 为贫营养型,$30 \leqslant TLI \leqslant 50$ 为中度营养型,$50 < TLI < 60$ 为轻度富营养型,$60 < TLI \leqslant 70$ 为中度富营养型,$TLI > 70$ 为重度富营养型。

（2）生态过滤系统出水水质富营养化评价结果

采样时间为 8 个月,选取 2019 年 5 月—2019 年 12 月的叶绿素 a、总磷、总氮、透明度、高锰酸盐指数的月均值,按照综合营养状态指数法计算公式进行计算,得出了营养状态评价结果,结果如表 5-1 所示。

表 5-1　生态过滤系统出水水质富营养化评价结果

月份	TIL(chla)	TIL(SD)	TIL(TP)	TIL(TN)	TIL(COD)	营养状态指数	营养级别
5	57.95	70.73	66.34	60.33	45.52	60.17	中度富营养
6	56.55	71.55	65.62	57.53	42.51	58.75	轻度富营养
7	54.87	71.55	63.90	56.99	41.42	57.75	轻度富营养
8	54.64	73.90	62.34	56.62	43.38	58.18	轻度富营养
9	50.70	72.40	62.36	56.95	43.28	57.14	轻度富营养
10	49.74	71.55	63.60	56.08	40.98	56.39	轻度富营养
11	42.05	70.73	61.95	58.83	39.83	54.68	轻度富营养
12	44.42	68.96	62.52	56.19	41.23	54.66	轻度富营养

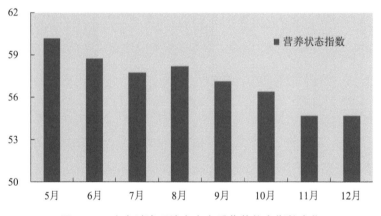

图 5-11　生态过滤系统出水水质营养状态指数变化

从表 5-1 和图 5-11 可以看出,叶绿素 a、总氮、总磷以及高锰酸盐指数总体呈下降趋势,水体的透明度有所上升,水体的营养状态指数在逐渐下降。可以说明,生态过滤系统的存在截留了污染物质,改善了河道水质。

5.1.4 水生生物的变化

5.1.4.1 浮游动物的变化

水体的浮游动物由原生动物、轮虫、枝角类和桡足类四大类组成。它们是鱼类的天然饲料,是一类可供人们开发利用的水产资源,同时湖泊、河道内的浮游动物在食物链和生态环境上也起一定的作用。它们的种类组成、数量多少可以用于表征基于生物调控的典型河道生态过滤系统研究试验区的生态环境及其水环境富营养化程度,反馈水环境污染状况的信息。

(1)采样方法

原生动物、轮虫、枝角类、桡足类四大类水生无脊椎动物个体尺寸差异较大,因此原生动物、轮虫与枝角类、桡足类的采样方法有所不同。原生动物和轮虫的采样与固定方法和浮游植物相同,一般原生动物和轮虫可与浮游植物合用一个样品计数。浮游甲壳动物枝角类和桡足类一般个体较大,在水体中的丰度也较低,故要用浮游生物网过滤较多的水样才有较好的代表性,野外采样必须用孔径为 64 μm 的浮游生物网作过滤网,避免将捞定性样品的网当作过滤网使用。

枝角类、桡足类用采水器取 10~50 L 水样,用 25 号浮游生物网过滤,把过滤物放入标本瓶中。水深在 2 m 以内、水团混和良好的水体,可只采表层水样,更深的水体区域,应分别取表、中、底层混合水样。采得的水样放入 50 mL 塑料瓶后,应立即加甲醛固定,以杀死水样中的浮游动物和其他生物。样品带回室内,在显微镜下镜检,鉴定浮游动物至种属水平。在计数时,根据样品中甲壳动物的多少分若干次全部过数。通过显微镜计数获得浮游动物数量。

(2)种类组成

2019 年 5 月—12 月对试验区进行生态采样,采样频率为每半个月一次;根据试验区浮游动物的定量水样分析可知,5—12 月浮游动物水样镜检共见到 60 种浮游动物(含桡足类的无节幼体和桡足幼体),其中原生动物 20 种,占总种类的 33.3%;轮虫 26 种,占 43.3%;枝角类 8 种,占 13.3%;桡足类 6 种,占 10.0%。

5—12 月试验区浮游动物出现频率较多的原生动物有:侠盗虫、王氏拟铃壳虫、球形砂壳虫;轮虫有:螺形龟甲轮虫、角突臂尾轮虫、长肢多肢轮虫、晶囊轮虫;枝角类有:简弧象鼻溞、微型裸腹溞;桡足类有:广布中剑水蚤。此外还有无节幼体和桡足幼体。试验区见到的浮游动物都属普生性种类。各个月份和采样点的浮游动物种类详见表5-2。

表5-2　5—12月试验区镜检浮游动物种类

	原生动物种类(种)	轮虫种类(种)	枝角类种类(种)	桡足类种类(种)	共计(种)
5月点位1	12	12	3	5	32
5月点位2	11	11	3	4	29
5月	12	13	4	5	34
6月点位1	17	19	3	5	44
6月点位2	18	18	4	6	46
6月	18	24	5	6	53
7月点位1	20	23	5	7	55
7月点位2	17	19	6	8	50
7月	20	24	6	8	58
8月点位1	19	22	5	5	51
8月点位2	17	20	6	7	50
8月	19	22	6	7	54
9月点位1	18	22	4	5	49
9月点位2	16	20	5	6	47
9月	19	22	5	6	52
10月点位1	15	20	3	4	42
10月点位2	13	18	3	5	39
10月	16	20	3	5	44
11月点位1	14	16	2	3	35
11月点位2	12	14	2	2	30
11月	14	16	2	3	35
12月点位1	10	12	0	2	24
12月点位2	8	11	1	2	22
12月	10	13	0	2	25

（3）浮游动物数量

根据对浮游动物的定量水样分析,5—12月份各个站点的浮游动物数量见表5-3。

表5-3　5—12月份试验区镜检浮游动物数量

日期	原生动物(ind./L)		轮虫(ind./L)		枝角类(ind./L)		桡足类(ind./L)	
	点位1	点位2	点位1	点位2	点位1	点位2	点位1	点位2
5.15	2 700	3 200	1 600	1 800	20	15	25	20
5.30	2 200	2 500	1 800	2 000	35	20	30	25
5月	5月份浮游动物均值:点位1为4 205 ind./L;点位2为4 790 ind./L							
6.14	2 500	2 200	3 100	2 600	25	35	30	35
6.29	2 600	2 000	3 500	2 500	30	40	35	45
6月	6月份浮游动物均值:点位1为5 910 ind./L;点位2为4 727.5 ind./L							
7.15	1 800	1 600	4 600	4 000	40	40	45	50
7.30	1 600	1 400	4 400	3 800	50	55	45	40
7月	7月份浮游动物均值:点位1为6 290 ind./L;点位2为5 492.5 ind./L							
8.16	1 900	1 500	3 600	3 000	25	30	30	35
8.31	2 100	1 800	3 800	2 700	20	25	25	25
8月	8月份浮游动物均值:点位1为5 750 ind./L;点位2为4 557.5 ind./L							
9.15	2 800	2 300	2 000	1 800	25	30	30	35
9.30	2 900	2 400	2 200	2 000	20	25	25	30
9月	9月份浮游动物均值:点位1为5 000 ind./L;点位2为4 310 ind./L							
10.14	1 900	1 600	1 700	1 500	15	20	20	20
10.30	1 700	1 400	1 600	1 400	10	10	15	20
10月	10月份浮游动物均值:点位1为3 480 ind./L;点位2为2 985 ind./L							
11.16	1 600	1 500	1 350	1 150	5	5	20	15
11.29	1 550	1 300	1 450	950	0	5	20	25
11月	11月份浮游动物均值:点位1为2 997.5 ind./L;点位2为2 280 ind./L							
12.14	1 500	900	750	500	5	5	15	20
12.30	1 350	850	550	350	0	0	10	10
12月	12月份浮游动物均值:点位1为2 090 ind./L;点位2为1 317.5 ind./L							

由表5-3可以看出,原生动物和轮虫在生物密度上的占比要远高于甲壳动物(枝角类、桡足类);生态过滤系统的设置,对试验区的生态环境逐渐产生

了一些积极影响,从 6 月份开始,浮游动物的数量呈现出上游(点位 1)要高于下游(点位 2)的规律,尤其是下游小型浮游动物(原生动物、轮虫)数量减少明显。

(4)试验区两站点效果对比分析

本次试验区生态监测设置两个站点,分别是试验区上游的点位 1 和试验区下游的点位 2。两个站点 5—12 月水样定量镜检中,见到的砂壳虫数量如表 5-4 所示。

表 5-4　5—12 月份试验区镜检砂壳虫数量

日　期	5. 15	5. 30	6. 14	6. 29	7. 15	7. 30	8. 16	8. 31
点位 1(ind. /L)	1 500	1 800	1 700	1 600	1 400	1 300	1 400	1 600
点位 2(ind. /L)	1 700	1 600	1 700	1 100	1 000	900	800	700
日　期	9. 15	9. 30	10. 14	10. 30	11. 16	11. 29	12. 14	12. 30
点位 1(ind. /L)	1 900	1 800	1 500	1 400	1 200	1 300	900	800
点位 2(ind. /L)	800	650	600	500	400	300	300	200

原生动物的多寡是影响试验区浮游动物密度的重要因素,并且对指示水体富营养化和污染程度较有意义。湖沼学研究、人工富营养化实验及对不同营养级湖泊中浮游生物的比较研究均表明:原生动物现存量一般随富营养化程度的增加而增加。普遍认为在受有机污染较重的水体中,耐污种类会形成优势且具有很高的数量。由表 5-4 可以看出:5 月 15 日、5 月 30 日和 6 月 14 日点位 2 站点中有大量的耐污种砂壳虫,并在 6—12 月整体呈现逐渐减少的趋势。而点位 1 站点中砂壳虫的数量变化不太明显。说明生态过滤系统的建立对改善下游的生态环境起着积极的作用,对上游生态环境的影响较不明显。

(5)应用浮游动物评价试验区水质情况

轮虫发育时间快、生命周期短,能较为迅速地对环境的变化作出反应,被认为是很好的指示生物,一般可根据湖泊中轮虫的种类和数量来推测湖泊营养型的变化。有关轮虫的指示种,不同的学者有不同的观点,但一般认为,富营养湖泊典型指示种类为:臂尾轮虫、裂足轮虫、暗小异尾轮虫、长三肢轮虫、螺形龟甲轮虫、矩形龟甲轮虫、沟痕泡轮虫、裂痕龟纹轮虫、圆筒异尾轮虫、真翅多肢轮虫。Sladeck 根据臂尾轮虫 B 多属于富营养型种,异尾轮虫 T 多属于贫营养型种,提出了常用于评价水质营养情况的 B/T 指数。[94]

B/T=B(臂尾轮虫属的种数)/T(异尾轮虫属的种数)。当 B/T<1 时,为贫营养型湖泊;当 B/T 在 1~2 之间时,为中营养型湖泊;当 B/T>2 时,为富营养型湖泊。由表 5-5 可知,试验区两站点的 B/T 值分别为 2.2 和 1.7,所以点位 1 为富营养型水体,点位 2 为中营养型水体;说明生态过滤系统的建立对改善下游的生态环境起着一定的积极作用。

表 5-5 试验区各站点 B/T 值

站点	点位 1	点位 2
B/T	2.2	1.7

5.1.4.2 浮游植物的变化

(1) 种类组成

南河的 2 个样点中,共观察到浮游植物 48 种(属),其中蓝藻门 19 种(属)、硅藻门 11 种(属)、绿藻门 11 种(属)、裸藻门 2 种(属)、甲藻门 2 种(属)、隐藻门 2 种(属)、金藻门 1 种(属)。5 月,十字藻属、平裂藻属、隐藻属是主要的优势属;6、7、8 月蓝藻是主要的优势属,例如伪鱼腥藻属、平裂藻属和束丝藻属,其他的优势属还包括硅藻门的针杆藻属和舟型藻属;9、10、11 月优势属包括隐藻属、伪鱼腥藻属、束丝藻属、蓝隐藻属;12 月优势属包括锥囊藻属、直链藻属。

(2) 浮游植物丰度变化分析

试验初期两样点的浮游植物丰度基本相等,点位 1 的浮游植物丰度为 3.18×10^6 cells/L,点位 2 的浮游植物丰度为 2.81×10^6 cells/L,点位 2 的浮游植物丰度相比点位 1 仅下降了 11.6%,随着气温的升高,两个样点浮游植物的丰度都有不同程度的增大,在 7 月 30 日均达到最高值,点位 1 的浮游植物丰度为 5.61×10^7 cells/L,点位 2 的浮游植物丰度为 4.45×10^7 cells/L,此时点位 2 的浮游植物丰度相比于点位 1 下降了 20.68%。8—9 月,两个点的丰度逐渐减小,但两个点的浮游植物丰度的差异相较于 5—7 月以及 10—12 月有所增大,12 月 30 日的检测结果显示点位 1 的浮游植物丰度为 2.52×10^6 cells/L,点位 2 的浮游植物丰度为 5.19×10^5 cells/L,点位 2 的浮游植物丰度相比于点位 1 下降了 51.45%。说明随着修复工程的进行,抑制浮游植物增殖的效果越来越显著,如图 5-12 所示。

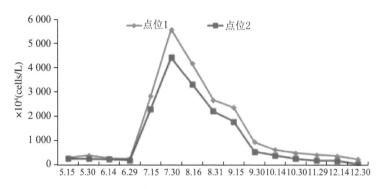

图 5-12　过滤系统上下游浮游植物丰度变化

（3）浮游植物群落结构变化分析

从浮游植物群落结构组成上看，点位 1 蓝藻门的比例在 26.58%～86.39% 之间波动，最高出现 7 月 30 日，最低出现在 12 月 30 日。随着温度的上升，蓝藻门的比例逐渐增高，进入秋季以后蓝藻门比例逐渐降低，硅藻门和金藻门的比例逐渐增高，如图 5-12 所示。点位 2 的蓝藻门比例在 11.94%～70.42% 之间波动，最高和最低同样分别出现 7 月 30 日和 12 月 30 日。试验初期点位 1 蓝藻门的比例比点位 2 高 23.27%。自试验中期开始，两个样点硅藻门的比例逐渐增加，但蓝藻门的差异始终在保持在 20% 左右。至试验结束，点位 1 的蓝藻门比例为 26.58%，点位 2 蓝藻门的比例为 11.94%，如图 5-13 所示。说明修复工程对蓝藻类的增殖有一定程度地抑制，但对硅藻的增殖有一定程度地促进。

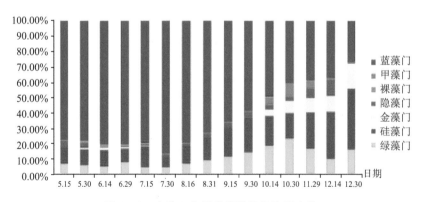

图 5-13　点位 1 各门类浮游植物比例变化

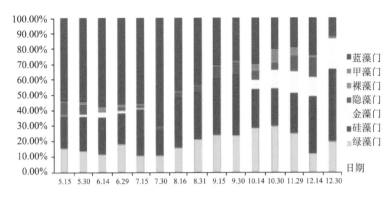

图 5-14　点位 2 各门类浮游植物比例变化

（4）应用浮游植物评价试验区水质情况

应用 Pantle-Buck 方法计算污染指数,对水质进行评价,公式如下:

$$SI = \frac{\sum s \times h}{\sum h} \qquad (5-8)$$

式中:SI 为污染指数。s 为藻类污染指示等级;$s=1$,寡营养指示种类;$s=2$,中营养指示种类;$s=3$,富营养指示种类;$s=4$,超富营养指示种类。h 为该种藻类的估算数量分级,偶尔存在时,$h=1$;存在量多时,$h=2$;存在量非常多时,$h=3$。水体污染指数 SI 在 1.0~1.5 之间为中营养水平(轻度污染),1.5~2.5 为中-富营养水平(中度污染),2.6~3.5 为富营养水平(重度污染),3.6~4.0 为超富营养水平(严重污染)。

根据国内外已报道的水体污染指示藻种及其指示污染等级统计结果,表明点位 1 浮游植物富营养、中-富营养和中营养指示种数量均大于点位 2,而点位 2 的寡营养指示种比点位 1 多 1 种。从污染指数上看,点位 1 和点位 2 样点均属于中-富营养水平,但点位 2 的污染指数较点位 1 下降了 19.1%(表 5-6)。说明工程修复一定程度抑制了富营养和中-富营养指示种的种类数量和丰度,降低了水体的污染程度,对水生态修复起到了积极的作用。

表 5-6　两个样点浮游植物营养指数种数量及污染指数

样点	营养指示种				污染指数
	富营养	中-富营养	中营养	寡营养	
点位 1	18	14	6	1	2.25
点位 2	17	12	6	2	1.82

5.2 东风河生态过滤系统效果研究

5.2.1 东风河生态过滤系统建立前后形态变化

生态过滤系统建立以后，东风河试验河段的形态发生了较大改善。建设前，河道边杂草丛生，有多个坍塌处，河流的水中漂浮物、塑料垃圾等比较多，河水散发着难闻的味道。生态过滤系统建立后，河道整齐划一，河水洁净透明，各种种植的植物生长茂盛，水流的形态在建立前后发生了较大的变化，得到了较好的提升，如图 5-15 所示。

图 5-15(a)　生态河道建设前

图 5-15(b)　生态河道建设后

5.2.2 水体物理性质

5.2.2.1 水温的变化

水体的温度对水体中的生物生长如浮游植物、浮游动物以及植物的生长具有直接或者间接的影响,故采样期间的水体温度也应记录下来。5 个采样点的水体温度在同一采样时期变化极小,故取 5 个点位的平均温度作为水体的整体温度,具体变化趋势见图 5-16,从图中可以看出,6 月初至 9 月初的水温较高,均在 25℃以上,水温在 6 月缓慢地上升,在 7 月上升得较快,在 8 月7 日达到峰值 33.9℃,8 月 7 日后水温缓慢地下降,最后一次采样降到26.4℃。

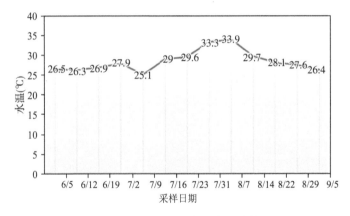

图 5-16 采样期间水温变化趋势

5.2.2.2 水深的变化

试验区域东风河采样期间水深的变化趋势如图 5-17 所示,可以看出水深在 0.8~1.65 m 之间变化,6 月初至 8 月初,大体处于上升趋势,在 8 月7 日达到峰值。8 月后的几次采样,水深基本能维持在 0.8 m 左右,波动不大。

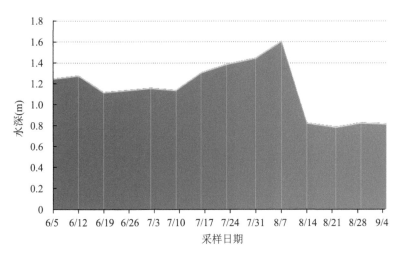

图 5-17 采样期间水深变化趋势

5.2.2.3 pH 的变化

采样期间水体 pH 的变化趋势如图 5-18 所示,可以看出,峰值为 9.06,谷值为 7.89。采样期间的平均 pH 为 8.44。6 月初至 7 月初,pH 总体呈上升趋势,8 月 7 日后的几次采样,pH 的变化不大,在 7.9 左右波动。

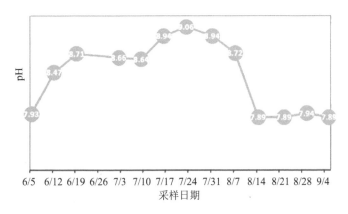

图 5-18 pH 的变化趋势

5.2.2.4 流速的变化

采样期间流速的变化趋势如图 5-19 所示,采样期间的流速较低,在 0.82~

3.18 cm/s 之间波动,没有确切的变化规律可言。

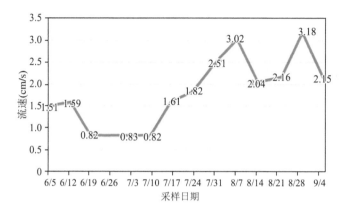

图 5-19　采样期间流速的变化趋势

5.2.3　水质的改善分析

5.2.3.1　氨氮的变化分析

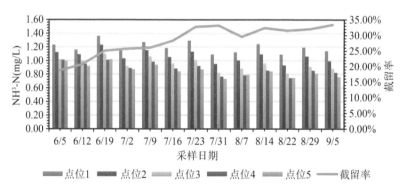

图 5-20　试验河段氨氮变化规律图

从图 5-20 中可以看出,试验河段生态过滤系统对氨氮有一定的截留,生态过滤系统建立之初,其截留率较低,为 18.70%;随着时间的推移,截至 7 月 31 日,一直是增加的过程,达到了 33.03%,可以看出随着生态过滤系统的自我完善,它对氨氮的截留率也在逐渐地增加。此后,在 8 月 7 日至 9 月 5 日之间,生态过滤系统对氨氮的截留率一直维持在一个较高的水平,其变化区间为 29.46%～33.33%,在 9 月 5 日达到峰值。故可以认为生态过滤系统在此期间已经稳定成型,这一点也在从现场的观察中得到印证。从整个过程来看,氨氮平均的截留率为 28.33%,生态系统稳定后的氨氮平均截留率为 29.90%。

从生态过滤系统稳定后的点位之间氨氮的变化规律可以看出,点位 1(生态过滤系统的入口前 10 m 断面中心)跟点位 2(砾石过滤系统结束断面中心)之间的变化相对其他点位较大,可以说明砾石生态过滤系统在整个系统中对氨氮的截留效果最为明显,可能是因为砾石形成的生物膜系统发生了作用,砾石上生长的金鱼藻、狐尾藻也吸收了部分氨氮。试验河段氨氮的进水总体属于 3 类水质,经过河道生态过滤系统的过滤,出水水质达到 2 类水质的要求。

5.2.3.2 总氮的变化分析

从图 5-21 中可以看出,试验河段总氮的截留率变化规律与氨氮大致相同。最小值为 17.50%,出现在生态过滤系统建立之初的 6 月 12 日,最大值为 31.03%,出现在 7 月 31 日。从 6 月 5 日到 7 月 31 日,总氮的截留率是个逐渐上升的过程,说明河道的生态过滤系统在持续地自我完善。7 月 31 日—9 月 5 日,生态过滤系统的总氮截留率维持在较高的水平,在 27.59%~31.03% 之间波动,说明生态过滤系统已经趋于稳定,其间总氮的平均截留率为 28.42%,高于整个过程的平均截留率 25.76%。整个截留率整体处于"上升—波动—稳定"这样一个过程。

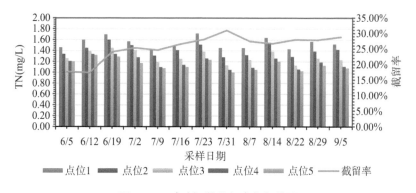

图 5-21 试验河段总氮变化规律图

从稳定后的生态过滤系统来看,点位 1 与点位 2 之间的变化相对较大,由此可以看出,砾石生态系统在整个系统中发挥的作用最大,其次,点位 2 与点位 3 之间(即植物生态过滤系统所在位置)变化也较大。就总氮而言,实验河段的进水水质为 4 类水质,个别采样时期为 3 类水质,经过生态过滤系统测过滤,出水水质全部达到了 3 类水质,接近 2 类水质的要求。

5.2.3.3 总磷的变化分析

由图 5-22 可以看出,生态过滤系统对总磷的截留效果较好,截留率最小值为 13.24%,最大值为 31.82%,截留率整体经历了波动中上升这样一个过程,总磷的平均截留率为 24.43%。6 月份,由于生态过滤系统处于建设后初期,故总磷的截留率仅仅依靠砾石等的截留作用,植物的吸收以及微生物的作用较小,故其截留处于较低的水平。7 至 8 月中旬,总磷的截留率在波动中增长,8 月中旬后几次采样,总氮的截留率呈现出低幅度的下降,总体还处于较高的水平,具体原因有待研究。

从生态系统稳定后的监测数据来看,点位 1 到点位 3 之间的总磷降解得较多,进一步印证之前得出的结论,砾石生态过滤系统和植物过滤系统对水质的改善效果较好。说明该时期砾石形成了生物膜,植物生长旺盛,在水中形成了屏障,阻截、吸附了水中大量的不溶性磷污染物,植物的生长也吸收了部分磷元素。

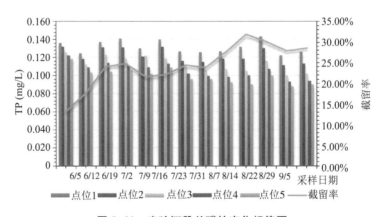

图 5-22 实验河段总磷的变化规律图

5.2.3.4　高锰酸盐指数的变化分析

由图 5-23 可以看出,高锰酸盐指数的截留波动幅度较大,最小值为 6.90%,出现在生态过滤系统建立之初;最大值接近 20.00%,出现在 8 月 22 日。就整个采样周期而言,生态过滤系统的截留率依然是上升的趋势,整个采样期间高锰酸盐指数的平均截留率为 14.77%。生态过滤系统对 COD_{Mn} 的截留率较低主要是由于 COD_{Mn} 属于有机物值,不易被植物以及微生物直接吸收利用,其去除主要依靠砾石以及植物形成的生物膜的阻留作用。

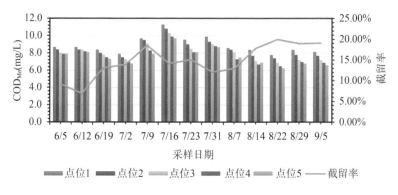

图 5-23　试验河段高锰酸盐指数变化规律

在生态过滤系统稳定后,点位 1 与点位 3 之间的变化较大,点位 3 与点位 5 之间的变化略小,说明砾石与植物生态系统对高锰酸盐指数的净化效果要优于生态袋过滤系统。

5.2.3.5　综合营养指数法评价水质富营养化程度

(1)综合营养指数法

计算公式和评价标准与 5.1.3.5 第 1 节内容一致,此处不再赘述。

(2)生态过滤系统出水水质富营养化评价结果

采样时间为 3 个月,选取 2015 年 6 月—2015 年 8 月的叶绿素 a、总磷、总氮、透明度、高锰酸盐指数的月均值,按照综合营养状态指数法计算公式进行计算,得出了营养状态评价结果,结果如表 5-7 所示。

表 5-7　生态过滤系统出水水质富营养化评价结果

月份	TIL(chla)	TIL(SD)	TIL(TP)	TIL(TN)	TIL(COD$_{Mn}$)	营养状态指数	营养级别
6	73.10	79.69	58.22	58.58	58.04	65.98	中度富营养
7	70.03	73.90	57.29	56.45	55.75	65.30	中度富营养
8	63.49	66.67	48.07	55.10	52.01	57.57	轻度富营养

从表 5-7 可以看出,叶绿素 a、总氮、总磷以及高锰酸盐指数在逐月下降,水体的透明度在逐渐上升,水体的营养状态指数在逐渐下降(图 5-24)。可以说明,生态过滤系统的存在提高了污染物质截留,提升了入湖河道水质。

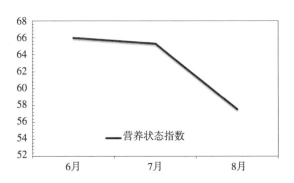

图 5-24　生态过滤系统出水水质营养状态指数变化

5.2.4　水生生物的变化

5.2.4.1　浮游动物的变化

浮游动物的采样方法与 5.1.4.1 第 1 节内容一致,此处不再赘述。

(1) 种类组成

2015 年 6 月—9 月对试验区进行生态采样,根据浮游动物的定量水样分析可知,试验区浮游动物种类尚可。包括桡足类的无节幼体和桡足幼体,6—9 月浮游动物水样镜检见到浮游动物的种类共有 57 种,其中原生动物 19 种,占总种类的 33.3%;轮虫 25 种,占 43.9%;枝角类 7 种,占 12.3%;桡足类 6 种,占 10.5%。

6—9 月试验区浮游动物出现频率较多的种类中原生动物有:纤袋虫、太阳虫、球形砂壳虫;轮虫有:螺形龟甲轮虫、角突臂尾轮虫、针簇多肢轮虫、长肢多肢轮虫、刺盖异尾轮虫;枝角类有:短尾秀体溞、简弧象鼻溞;桡足类有:广布中剑水蚤。此外还有无节幼体和桡足幼体。试验区见到的浮游动物都属普生性种类。各个月份和采样点的浮游动物种类见表5-8至表5-10。

表5-8 6月份试验区镜检浮游动物种类

站点	原生动物种类（种）	轮虫种类（种）	枝角类种类（种）	桡足类种类（种）	共计（种）
点位1	12	10	3	5	30
点位5	13	11	3	4	31
6月份	14	14	5	5	38

表5-9 7月份试验区镜检浮游动物种类

站点	原生动物种类（种）	轮虫种类（种）	枝角类种类（种）	桡足类种类（种）	共计（种）
点位1	17	20	3	5	45
点位5	16	20	4	6	46
7月份	18	24	5	6	53

表5-10 8、9月份试验区镜检浮游动物种类

站点	原生动物种类（种）	轮虫种类（种）	枝角类种类（种）	桡足类种类（种）	共计（种）
8月点位1	4	7	1	2	14
8月点位5	5	8	0	2	15
8月份	7	10	1	2	20
9月点位1	10	12	0	1	23
9月点位5	10	13	0	1	24
9月份	11	15	0	1	27

（2）浮游动物数量

根据对浮游动物的定量水样分析,得到6—9月各个站点的浮游动物数量,如表5-11至表5-13所示。

表5-11　6月份试验区镜检浮游动物数量

日期	6.5		6.12		6.19	
站点	点位1	点位5	点位1	点位5	点位1	点位5
原生动物(ind./L)	2 200	4 000	2 600	6 000	1 200	2 100
轮虫(ind./L)	800	1 500	2 100	2 500	1 500	4 300
枝角类(ind./L)	20	20	5	0	20	20
桡足类(ind./L)	55	40	45	45	185	610
共计(ind./L)	3 075	5 560	4 750	8 545	2 905	7 030

表5-12　7月份试验区镜检浮游动物数量

日期	7.2		7.9		7.16		7.23		7.31	
站点	点位1	点位5	点位1	点位5	点位1	点位5	点位1	点位5	点位1	点位5
原生动物(ind./L)	3 500	2 500	900	2 000	1 700	2 500	4 500	5 300	1 200	2 600
轮虫(ind./L)	4 000	3 200	5 700	6 300	12 500	14 100	8 500	9 300	8 900	9 900
枝角类(ind./L)	0	35	25	0	0	0	20	25	5	25
桡足类(ind./L)	80	135	310	30	0	0	65	40	90	225
共计(ind./L)	7 580	5 870	6 935	8 330	14 200	16 600	13 085	14 665	10 195	12 750

表5-13　8、9月份试验区镜检浮游动物数量

日期	8.30		9.5	
站点	点位1	点位5	点位1	点位5
原生动物(ind./L)	1 200	1 000	2 600	2 500
轮虫(ind./L)	3 500	2 600	6 600	12 000
枝角类(ind./L)	5	0	0	0
桡足类(ind./L)	20	5	5	5
共计(ind./L)	4 725	3 605	9 205	14 505

　　由表5-11至表5-13可以看出,生态过滤系统的设置,对试验区的生态环境逐渐产生了一些积极影响,6月5日和6月12日的样品中,原生动物的数量都远远大于轮虫的数量;截至6月19日,生态环境逐渐得到改善,浮游动物的数量为:轮虫＞原生动物＞桡足类＞枝角类,这与长荡湖的浮游动物数量规律是一致的。

　　(3)试验区两站点效果对比分析

　　本次试验区生态监测设置两个站点,分别是试验区上游的点位1站点和

试验区下游的点位 5 站点。两个站点 6—9 月份水样定量镜检中,见到的砂壳虫数量如表 5-14 所示。

表 5-14 6—9 月份试验区镜检砂壳虫数量

日期	6.5	6.12	6.19	7.2	7.9	7.16	7.23	7.31	8.28	9.3
点位 1(ind./L)	600	400	500	600	700	600	500	400	400	600
点位 5(ind./L)	2 100	3 400	1 000	800	500	400	300	200	100	0

原生动物的多寡是影响试验区浮游动物密度的第二大因素,并且对指示水体富营养化和污染程度较有意义。湖沼学研究、人工富营养化实验及不同营养级湖泊中浮游生物比较均表明:原生动物现存量一般随富营养化程度的增加而增加。普遍认为在受有机物污染较重的水体中,耐污种类会形成优势且具有很高的数量。由表 5-14 可以看出:6 月 5 日和 6 月 12 日点位 5 站点中有大量的耐污种砂壳虫,并在 7—9 月呈逐渐减少的趋势。而点位 1 站点中砂壳虫的数量变化不太明显。说明生态过滤系统的建立对改善下游的生态环境起着积极的作用,对上游生态环境的影响较不明显。

(4) 应用浮游动物评价试验区水质情况

如前文所述,当 B/T<1 时,为贫营养型湖泊;当 B/T 在 1~2 之间时,为中营养型湖泊;当 B/T>2 时,为富营养型湖泊。由表 5-15 可知,试验区两站点的 B/T 值分别为 2.3 和 1.8,所以点位 1 为富营养型水体,点位 5 为中营养型水体。说明生态过滤系统的建立对改善下游的生态环境起着一定的积极作用,对上游生态环境的影响较小。

表 5-15 试验区各站点 B/T 值

站点	点位 1	点位 5
B/T	2.3	1.8

5.2.4.2 浮游植物的变化

(1) 种类组成

长荡湖试验区的 2 个样点中,共观察到浮游植物 59 属 96 种,其中绿藻门的种类最多,有 28 属 52 种;其次是蓝藻门,有 11 属 13 种;硅藻门有 8 属 12 种;裸藻门有 4 属 10 种;金藻门有 3 属 3 种;甲藻门有 3 属 3 种;隐藻门有

2属3种。浮游植物的主要优势种为绿藻门的小球藻属一种、四尾栅藻和单针藻,硅藻门的小环藻属一种、颗粒直链藻极狭变种,蓝藻门的链状伪鱼腥藻、席藻一种,隐藻门的啮蚀隐藻。除此之外,绿藻门的衣藻属一种、实球藻、小型卵囊藻,隐藻门的蓝隐藻,蓝藻门的铜绿微囊藻、依沙束丝藻、细小平裂藻也具有较高的丰度。

由图5-25可知,试验初期两点位的浮游植物丰度基本相等,在试验运行两周后,点位5的浮游植物丰度与点位1相比,下降了29.6%。随着气温的升高,两个点位浮游植物的丰度都有不同程度的增大,但点位5浮游植物的丰度增加趋势较为平缓,至试验结束点位5浮游植物丰度比点位1减少了50.9%,说明点位5的水生植物对浮游植物的增殖起到一定抑制作用。

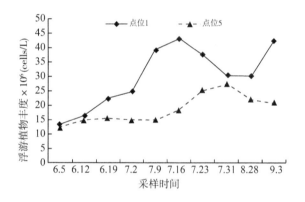

图5-25　实验期间两样点浮游植物丰度变化

(2)试验区两站点比较

从浮游植物群落结构组成上看(图5-26),浮游植物三大优势类群(蓝藻门、绿藻门和硅藻门)中,点位1蓝藻门的比例最大,在47.7%~73.3%之间波动,至试验结束蓝藻门的比例为60.6%,与试验初期蓝藻门的比例相当。点位5蓝藻门的比例相对较低,在25.0%~60.0%之间波动,至试验结束蓝藻门的比例为37.7%,相比试验初期下降了14.8%。自试验中期开始,两个样点绿藻门的比例逐渐增加,但点位5绿藻门的比例整体大于点位1。此外,至试验结束,点位5蓝藻门的优势种链状伪鱼腥藻的丰度与点位1相比,下降了21.4%,水华种铜绿微囊藻、卷曲鱼腥藻的丰度分别下降了50.0%和73.9%,说明点位5水生植物的种植,抑制了蓝藻门藻类的增殖,减少了蓝藻水华发生的风险。

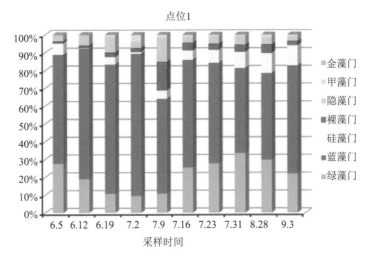

图 5-26(a) 点位 1 各门类浮游植物比例变化

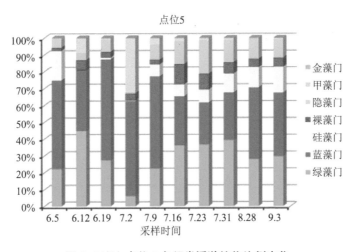

图 5-26(b) 点位 5 各门类浮游植物比例变化

（3）应用浮游植物评价试验区水质情况

应用 Pantle-Buck 方法[95]计算污染指数,对水质进行评价。

水体污染指数 SI 在 1.0～1.5 之间,为中营养水平(轻度污染),1.5～2.5 为中-富营养水平(中度污染),2.5～3.5 为富营养水平(重度污染),3.5～4.0 为超富营养水平(严重污染)。

根据国内外已报道的水体污染指示藻种及其指示污染等级得出表 5-16 的统计结果,可知试验区点位 1 浮游植物富营养、中-富营养和中营养指示种数量均大于点位 5,而点位 5 的寡营养指示种比点位 1 样点多 3 种。从污染指数上看,点位 1 和点位 5 样点均属于中-富营养水平,但点位 5 的污染指数较点位 1 下降了 11.8%。说明水生植物的种植措施,降低了水体中的营养盐浓度,一定程度减少了富营养和中-富营养指示种的种类数量和丰度,降低了水体的污染程度,对水生态修复起到了积极的作用。

表 5-16　实验区两个样点浮游植物营养指数种数量及污染指数

样点	营养指示种				污染指数
	富营养	中-富营养	中营养	寡营养	
点位 1	20	34	19	3	2.20
点位 5	16	31	17	6	1.94

第六章

总结与展望

6.1 总结

通过调查、整理和比较国内外的河道修复技术，笔者认为生态修复是河道修复最好的方法，故建立生态过滤系统试验，研究其对河道水质的改善效果。

主要工作及结论简述如下：

①国内外的河道修复都经历了从起初的河道硬质化到运用"近自然河川"的修复认识转变，工程师们在河道修复过程中更加注重河道本身生态的建设，以恢复河道的自我修复能力为出发点。

②依据归纳总结的河道修复技术，设计形成了平原河网缓流地区生态过滤系统，分别在江苏省南京市南河及常州市长荡湖东风河构建生态过滤系统，提升河道水质及河道水生态系统健康状况。

③生态过滤系统建立前后，河道在视觉上发生了较大的变化，河道水质、水生生物的监测结果显示，水质水生态状况有较大的改观。

④通过对生态过滤系统前后的水质监测，发现南河生态过滤系统对氨氮、总氮、总磷以及高锰酸盐的平均截留率分别达到了 27.34％、26.39％、25.34％以及 14.23％，东风河生态过滤系统对氨氮、总氮、总磷以及高锰酸盐的平均截留率分别达到了 28.33％、25.76％、24.43％以及 14.77％，生态过滤系统有效地提升了过境水质。

⑤浮游动物评价水质的 B/T 指数评价法显示，河道过境水质由富营养化变为中营养化，说明生态过滤系统的建立对改善下游的生态环境起着一定的积极作用，对上游生态环境的影响较小。

⑥依据 Pantle-Buck 方法计算污染指数，对水质进行评价，得出水生植物的种植措施，降低了水体中的营养盐浓度，一定程度减少了富营养和中-富营养指示种的种类数量和丰度，降低了水体的污染程度，对水生态修复起到了积极的作用。

6.2 展望

本书建立的生态过滤系统,对河道水生态有一定的改善效果,研究成果对南河流域及长荡湖流域的入湖治理以及类似河道的治理具有示范作用。建议如下:

①本系统适用于水深 1~2 m、河道宽 10 m 左右的入湖河道。

②结合水质水生态修复目标,综合考虑成本等经济因素,建议在入湖河道处建立长约 150 m,由砾石过滤系统、水生植物带及淤泥生态袋组合而成的生态过滤系统。

③本生态过滤系统对氨氮、总氮、总磷以及高锰酸盐等有明显的降解作用,其中氨氮的截留效果最为明显,可达到 28%,本系统更适用于氨氮污染较为突出的流域。

④入湖河道生态过滤系统的建立,一定程度降低了富营养和中-富营养指示种的种类数量和丰度,对水生态修复起到了积极的作用。

同时,在本研究过程中,发现河道生态过滤系统的建立是一个复杂的多学科交叉的系统工程,它不仅涉及环境工程,更涉及水利工程、景观生态、微生物等学科。由于时间以及条件的限制,本书还有许多不足,还可在以下方面进行探讨:

①本次仅研究了平原河网缓流地区的过滤系统,对于不同地区、不同污染状况的河道,特别是对于不同地理位置的污染河道,如北方较为寒冷地区河道的生态过滤系统研究则需要另行深入讨论。

②因条件限制,针对春冬季节植物枯死状况下,生态过滤后的水质净化效果有待研究。

③对于生态过滤系统的综合评价还有点单薄,只单纯考虑到其对水质以及水生生物的影响评价,对于河道的安全以及生态过滤系统本身的健康等因素没有加以考虑,后续可以考虑研究一个综合评价方案,全盘考虑生态系统的功能、健康以及河道的安全等方面。

参考文献

［1］佚名. 水利部部署开展全国河湖"清四乱"专项行动[J]. 中国水利，2018(13):4.

［2］王文君,黄道明. 国内外河流生态修复研究进展[J]. 水生态学杂志，2012,33(4):142-146.

［3］廖先荣,王翠文,蒋文琼. 城市河道生态修复研究综述[J]. 天津科技，2009(6):31-32.

［4］高甲荣,肖斌,牛健植. 河溪近自然治理的基本模式与应用界限[J]. 水土保持学报,2002(16):84-87,91.

［5］MOSS T. The governance of land use in river basins: prospects for overcoming problems of institutional interplay with the EU Water Framework Directive[J]. Land Use Policy,2004,21(1):85-94.

［6］伍光和,王乃昂,胡双熙,等. 自然地理学(第四版)[M]. 北京:高等教育出版社,2008:249-253.

［7］谭炳卿,孔令金,尚化庄. 河流保护与管理综述[J]. 水资源保护,2002(3):53-57.

［8］DIPLAS P,LYN D,NEARY V. The environmental hydraulics technical committee within EWRI[C]//American Society of Civil Engineers,2000.

［9］HOHMANN J,KONOLD W. Flussbau massnahmen an der Wutach und ihre Bewertung aus oekologischer Sicht[J]. Deutsche Wasser Wirtschaft,1992,82(9):434-440.

［10］嵇晓燕,崔广柏. 河流健康修复方法综述[J]. 三峡大学学报(自然科学版),2008,30(1):38-43,59.

［11］SEIFERT A. Naturnäeherer Wasserbau[J]. Deustche Wasserwirtschaft,1938,33(12):361-366.

［12］KATSUMISEKI K. Project for creation of rivers rich in nature-toward a richer natural environment in town sand on waterside[J]. Journal of Hydroscience and Hydraulic Engineering (special issue), 1993(4):86-87.

[13] GRAY D H,SOTIR R B. Biotechnical and soil bioengineering slope stabilization: a practical guide for erosion control[M]. New York: John Wiley & Sons,1996.

[14] GILVEAR D J,HEAL K V,STEPHEN A. Hydrology and the ecological quality of Scottish river ecosystems[J]. Science of the total environment,2002,294(1-3):131-159.

[15] BINDER W,JUERGING P,KARL J. Naturnaher Wasserbau-Merkmale und Grenzen [J]. Garteund Landschaft,1983,93(2):91-94.

[16] RILEY A L. Restoring Streams in Cities[M]. Washington DC:Island Press,1998.

[17] 胡静波.城市河道生态修复方法初探[J].南水北调与水利科技,2009,7(2):128-133.

[18] 朱灵峰,张玉萍,邓建绵等.河流修复技术应用现状及生态学意义[J].安徽农业科学,2009,37(7):3221-3222.

[19] MITSCH W J,JORGENSEN S E. Ecological engineering:an introduction to ecotechnology[M]. New York: John Wiley&Sons,1989:1-2.

[20] FAIRWEATHER P G. State of environment indicators of 'river health': exploring the metaphor[J]. Freshwater Biology,1999,41(2):211-220.

[21] GLOSS S P,LOVICH J E,MELIS T S. The state of the Colorado River ecosystem in Grand Canyon:A report of the Grand Canyon monitoring and research center1991-2004[M]//U. S. Geological Survey,2005.

[22] KIRSTIE FRYIRS A D,CHESSMAN B,RUTHERFURD Z. Progress,problems and prospects in Australian river repair[J]. Marine and Freshwater Research,2013,64(7):642-654.

[23] BRIERLEY G J. Competitive Versus Cooperative Approaches to River Repair[M]//Finding the Voice of the River. New York: Palgrave

Pivot,2020:61-110.

[24] 董哲仁.试论生态水利工程的基本设计原则[J].水利学报,2004(10):1-6.

[25] 董哲仁.生态水工学——人与自然和谐的工程学[J].水利水电技术,2003(1):14-16,25.

[26] 董哲仁.水利工程对生态系统的胁迫[J].水利水电技术,2003(7):1-5.

[27] 封副记,杨海军,于智勇.受损河岸生态系统近自然修复实验的初步研究[J].东北师大学学报(自然科学版)2004,36(1):101-106.

[28] 杨海军,内田泰三,盛连喜,等.受损河岸生态系统修复研究进展[J].东北师大学报(自然科学版)2004,36(1):95-100.

[29] 赵亚楠,杨海军,内田泰三,等.受损河岸生态系统生态修复材料的研究[J].东北师大学报(自然科学版)2004,36(1):107-113.

[30] 杨芸.论多自然型河流治理法对河流生态环境的影响[J].四川环境,1999(1):20-25.

[31] 王薇,李传奇.景观生态学在河流生态修复中的应用[J].中国水土保持,2003(6):36-37.

[32] 刘树坤.水利建设中的景观和水文化[J].水利水电技术,2003,34(1):30-32.

[33] 钟春欣,张玮.基于河道治理的河流生态修复[J].水利水电科技进展,2004,24(3):12-14,30.

[34] 倪晋仁,刘元元.受损河流的生态修复[J].科技导报,2006(7):17-20.

[35] 王沛芳,王超,冯骞,等.城市水生态系统建设模式研究进展[J].河海大学学报(自然科学版),2003,31(5):485-489.

[36] 赵彦伟,杨志峰.城市河流生态系统健康评价初探[J].水科学进展,2005,16(3):349-355.

[37] 陈庆伟,刘兰芬,刘昌明.筑坝对河流生态系统的影响及水库生态调度研究[J].北京师范大学学报(自然科学版),2007,43(5):578-582.

[38] 康丽娟.面向管理的城区河流生态修复监测[J].环境科技,2021,34(6):71-75.

[39] 王楠.基于低碳理念的河流生态修复策略研究[J].农村经济与科技,2021,32(17):7-9.

［40］柴朝晖,姚仕明.河流生态研究热点与进展[J].人民长江,2021,52(4)：68-74.

［41］梁尧钦,梅娟.人水共生视角下城市河流生态修复研究与实践[J].人民黄河,2022,44(2):89-93,99.

［42］刘丹.中小河流生态修复与治理策略研究[J].黑龙江水利科技,2020,48(1):57-59.

［43］吴保生,陈红刚,马吉明.美国基西米河生态修复工程的经验[J].水利学报,2005,36(4):473-477.

［44］JMAES S L, WARREN S B, CAROL E P, et al. Environmental stress and recovery：the geochemical record of human disturbance in New Bedford Harbor and Apponagansett Bay, Massachusetts（USA）[J]. Science of the Total Environment,2003,313(1-3):153-176.

［45］柳惠青.湖泊污染内源治理中的环保疏浚[J].水运工程,2000(11):21-27.

［46］谷勇峰,李梅,陈淑芬,等.城市河道生态修复技术研究进展[J].环境科学与管理. 2013,38(4):25-29,46.

［47］吴林林.黑臭河道净化试验研究及综合治理工程应用[D].上海:华东师范大学,2007.

［48］屠清瑛,章永泰,杨贤智.北京什刹海生态修复试验工程[J].湖泊科学,2004,16(1):61-67.

［49］王军,王淑燕,李海燕,等.韩国清溪川的生态化整治对中国河道治理的启示[J].中国发展,2009,9(3):15-18.

［50］李双武.国外河流治理比较研究[J].海河水利,2007(3)：66-68.

［51］林峰.纵观日本隅田川景观综合更新工程[J].浙江建筑,2010,27(12):1-4.

［52］铃木祥广.用聚氯化铝(PAC)和蛋白絮凝泡沫分离回收去除微细藻类[J].水环境学会志,2002,25(5):297-302.

［53］李静会,高伟,张衡,等.除藻剂应急治理玄武湖蓝藻水华实验研究[J].环境污染与防治,2007,29(1):60-62.

［54］王曙光,栾兆坤,宫小燕,等.CEPT 技术处理污染河水的研究[J].中国给水排水,2001,17(4):16-18.

[55] 邱慎初. 化学强化一级处理（CEPT）技术[J]. 中国给水排水，2000，16(1):26-29.

[56] 沈玉梅，宋和平. 化学强化一级处理法（CEPT）及其研究方向[J]. 环境污染与防治，2000，22(2):26.

[57] 黎明，刘德启，沈颂东，等. 国内富营养化湖泊生态修复技术研究进展[J]. 水土保持研究，2007，14(5):350-352,355.

[58] 钟鸣，周启星. 微生物分子生态学技术及其在环境污染研究中的应用[J]. 应用生态学报，2002，13(2):247-251.

[59] ATAGANA H I, HAYNES R J, WALLIS F M. Optimization of soil physical and chemical conditions for the bioremediation of creosote-contaminated soil[J]. Biodegradation, 2003,14(4): 297-307.

[60] 唐俊，原鹏飞，李翔天. 受损水体的生物修复研究及进展[J]. 内蒙古水利. 2011(1):23-24.

[61] 王一华，傅荣恕. 中国生物修复的应用及进展[J]. 山东师范大学学报（自然科学版），2003，18(2):79-83.

[62] 罗刚，刘军，胡和平. 城市河道生物修复、生态修复理念及其治理技术[J]. 广东园林，2007，29(B09):87-89.

[63] 胡一珍，张永明. 用生物膜方法修复受污染河道水[J]. 上海师范大学学报（自然科学版），2007，36(6):91-98.

[64] 许文年，叶建军，周明涛，等. 植被混凝土护坡绿化技术若干问题探讨[J]. 水利水电技术，2004，35(10):50-52.

[65] 管芙蓉. 模袋混凝土护坡及水下抛鹅卵石护岸施工技术的应用及效果[J]. 水利建设与管理，2015，35(11):24-27.

[66] 孙鹤. 浅谈水库大坝护坡破坏原因及其防治措施[J]. 中国西部科技，2010，9(33):54.

[67] 王文野，王德成. 城市河道生态护坡技术的探讨[J]. 吉林水利，2002(11):24-26.

[68] 季永兴，刘水芹，张勇. 城市河道整治中生态型护坡结构探讨[J]. 水土保持研究，2001，8(4):25-28.

[69] 李海东，林杰，张金池，等. 生态护坡技术在河道边坡水土保持中的应用[J]. 南京林业大学学报（自然科学版），2008，32(1):119-123.

［70］ 尹军,崔玉波.人工湿地污水处理技术[M].北京:化学工业出版社,2006.

［71］ COLEMAN J,HENCH K,GARBUTT K,et al. Treatment of domestic wastewater by three plant species in constructed wetlands[J].Water,air,and soil pollution,2001,128(3):283-295.

［72］ 谷先坤,王国祥,刘波,等.复合垂直流人工湿地净化污水厂尾水的研究[J].中国给水排水,2011,27(3):8-11.

［73］ 付融冰.强化人工湿地对富营养化水体的修复及作用机理研究[D].上海:同济大学 2007.

［74］ 蒋裕平.生物膜处理污染物的传质特性研究[J].广东科技,2008(12):57.

［75］ 田伟君,翟金波.生物膜技术在污染河道治理中的应用[J].环境保护,2003(8):19-21.

［76］ 刘雨,赵庆良,郑兴灿.生物膜法污水处理技术[M].北京:中国建筑工业出版社,2000.

［77］ 钱嫦萍,王启东,陈振楼,等.生物修复技术在黑臭河道治理中的应用[J].水处理技术,2009,35(4):13-17.

［78］ 任照阳,邓春光.生态浮床技术应用研究进展[J].农业环境科学学报.2007,26(z1):261-263.

［79］ SCHULZ M,RINKE K,KÖHLER J. A combined approach of photogrammetrical methods and field studies to determine nutrient retention by submersed macrophytes in running waters[J]. Aquatic Botany,2003,76(1): 17-29.

［80］ 邹丛阳,张维佳,李欣华等.城市河道水质恢复技术及发展趋势[J].环境科学与技术,2007,30(8):99-102.

［81］ 孙从军,张明旭.河道曝气技术在河流污染治理中的应用[J].环境保护,2001(4):12-14,20.

［82］ 朱广一,冯煜荣,詹根祥,等.人工曝气复氧整治污染河流[J].城市环境与城市生态,2004,17(3):30-32.

［83］ 周杰,章永泰,杨贤智.人工曝气复氧治理黑臭河流[J].中国给水排水,2001,17(4):47-49.

［84］熊万永,李玉林.人工曝气生态净化系统治理黑臭河流的原理及应用[J].四川环境,2004,23(2):34-36.

［85］童昌华.水体富营养化发生原因分析及植物修复机理的研究[D].杭州:浙江大学,2004.

［86］童昌华,杨肖娥,濮培民.富营养化水体的水生植物净化试验研究[J].应用生态学报,2004,15(8):1447-1450.

［87］王晓菲.水生动植物对富营养化水体的联合修复研究[D].重庆:重庆大学,2012.

［88］向文英,王晓菲.不同水生动植物组合对富营养化水体的净化效应[J].水生生物学报,2012,36(4):792-797.

［89］SUIKKANEN S, LAAMANEN M, HUTTUNEN M. Long-term changes in summer phytoplankton communities of the open northern Baltic Sea[J]. Estuarine, Coastal and Shelf Science, 2007, 71(3-4): 580-592.

［90］国家环保局《水生生物监测手册》编委会.水生生物监测手册[M].南京:东南大学出版社.1993.

［91］国超旋.三江平原湿地——抚远地区藻类植物及其分布特点研究[D].哈尔滨:哈尔滨师范大学,2014.

［92］孟伟,张远,渠晓东.河流生态调查技术方法[M].北京:科学出版社,2011.

［93］王鹤扬.综合营养状态指数法在陶然亭湖富营养化评价中的应用[J].环境科学与管理,2012,37(9):188-194.

［94］王凤娟,胡子全,汤洁,等.用浮游动物评价巢湖东湖区的水质和营养类型[J].生态科学,2006,25(6):550-553.

［95］马成学,于洪贤,张新刚.牡丹江干流春季浮游植物双向指示种(TWINSPAN)分类及水质评价研究[J].淡水渔业,2008,38(3):58-62.